hanserblau

»Die Biologin Julia Schnetzer verschafft uns mit ihrem kleinen, feinen Buch überaus interessante Einblicke in die Vielfalt der Meeresforschung. Großartig!« *P.M.*

Nominiert als Wissenschaftsbuch des Jahres 2021

Das Meer ist unser erstaunlichstes und rätselhaftestes Ökosystem. Es waren mehr Menschen im Weltall als auf dem Grund des Ozeans. Doch hinter den Fragen, ob es Insekten im Meer gibt, wie eine Tiefseewolke aussieht und warum Haie im Dunkeln leuchten, verbergen sich nicht nur neueste Erkenntnisse über unsere Umwelt, sondern sie erzählen uns auch etwas über uns Menschen.

JULIA SCHNETZER

Wenn Haie leuchten

Eine Reise in die geheimnisvolle Welt der Meeresforschung

hanserblau

Ungekürzte Taschenbuchausgabe
1. Auflage 2022
Veröffentlicht bei hanserblau in der
Carl Hanser Verlag GmbH & Co. KG, München

Umschlag: ZERO Werbeagentur, München
Motive: © Alamy und Shutterstock.com/Evgenii Emelianov
Satz: Satz für Satz, Wangen im Allgäu
Druck und Bindung: GGP Media GmbH, Pößneck
Printed in Germany
ISBN 978-3-446-27476-1

Für meine Eltern

Inhalt

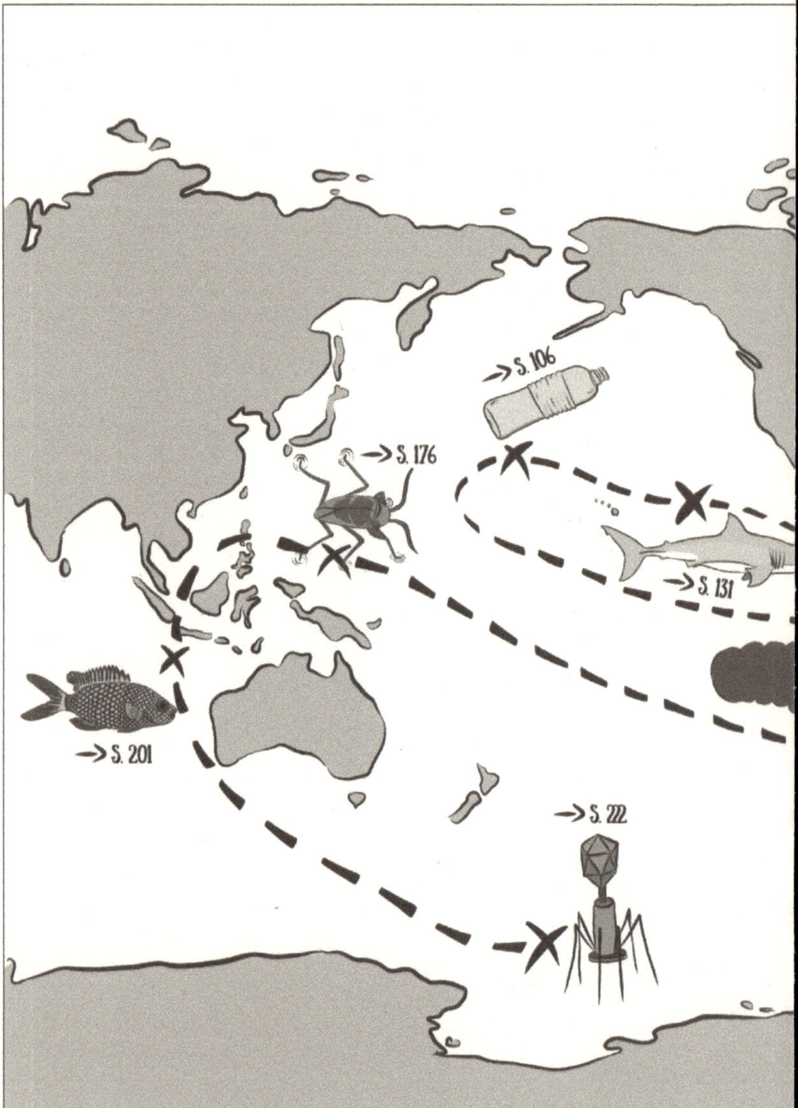

S. 106
S. 176
S. 131
S. 201
S. 222

→ S. 54
→ S. 78
→ S. 28
→ S. 158

Vorwort

Das Jahr 2003 war ein Schicksalsjahr für mich, denn ich habe mich verliebt. Meine Eltern erfüllten mir zu meinem 18. Geburtstag einen Herzenswunsch: eine Reise in die Südsee. Schon seit meiner Kindheit war ich fasziniert von den Bildern und Dokumentationen von weißen, palmengesäumten Stränden, dem türkisblauen Wasser und der bunten, geheimnisvollen Unterwasserwelt. Vielleicht, weil ich jedes Wochenende meiner Kindheit auf Berge gezerrt wurde, sehnte ich mich nach dem kompletten Gegenteil.

In den Sommerferien war es dann so weit. Zusammen mit einer Gruppe junger Menschen aus ganz Deutschland reiste ich zu den Fidschi-Inseln, auf eine kleine abgeschiedene Insel, ohne Strom, ohne fließend Wasser, gebadet wurde im Meer. Wir lebten bei einer Gastfamilie in deren Holzhütte am Strand und durften an ihrem Alltag teilnehmen. Jeden Tag gab es Neues zu entdecken, und am liebsten watete ich bei Ebbe durch das Korallenriff vor unserer Haustür, um endlich die faszinierenden Tiere, die ich nur aus dem Fernsehen kannte, wahrhaftig mit eigenen Augen zu sehen.

Unser Gastvater Bai, der für mich bis heute die Personifikation von Ruhe und Gelassenheit darstellt, erfüllte mir meinen Kindheitswunsch und nahm mich mit zum Tauchen. So kam es, dass ich das erste Mal mit Sauerstoffflasche unter Wasser war – in einem der schönsten Riffe der Welt. Ich schwebte schwerelos an Riffwänden entlang. Farbenfrohe Fische huschten um mich her, Schwärme riesiger Barrakudas zogen vorbei, Schildkröten paddelten in gemütlicher Schildkrötenmanier unbeeindruckt von meiner Anwesenheit herum, und ein Riffhai zeigte sich mir in all seiner Eleganz, als er direkt auf mich zuschwamm, so nah, dass ich ihn hätte berühren können. Ich wollte nie wieder auftauchen! Ich hatte endgültig mein Herz verloren an diese wunderschöne und so andersartige Welt. An diesem Tag beschloss ich, Meeresbiologie zu studieren.

Fast 20 Jahre später hat sich nichts geändert, und ich bin genauso verliebt. Mittlerweile haben sich für mich zwar viele der Geheimnisse des Meeres gelüftet, aber da ist immer noch so viel, das ich oder auch wir alle nicht wissen. Ein paar dieser Geheimnisse möchte ich in diesem Buch gemeinsam mit euch auf den Grund gehen. Denn Liebe ist ja bekanntlich am schönsten, wenn man sie teilt.

Aqua Incognita: Ein Meer voller Rätsel

Meeresbiologie ist definitiv das sexy Fach unter den Naturwissenschaften. Vielleicht sogar unter all den Wissenschaften. Wenn man MeeresbiologInnen googelt, sieht man Bilder von TaucherInnen unter Wasser, Menschen mit Neoprenanzug und Tauchermaske am Strand oder auf einem Boot. Bunte Bilder von Korallen, Schildkröten und Haien. Vereinzelt findet man auch mal ein Bild von jemandem im Labor, aber da darf das Aquarium im Hintergrund natürlich nicht fehlen. Traumberuf MeeresbiologIn. Sind die Bilder echt? Ja. Sieht die Arbeit immer so aus? Eher weniger.

Natürlich gibt es die Glücklichen, die sich tagtäglich in die Wunderwelt des Ozeans schmeißen können. Für viele MeeresbiologInnen sieht der Alltag allerdings anders aus. Meist besteht die hauptsächliche Arbeit aus Labor und Schreibtisch. Einmal im Jahr gibt es vielleicht eine Ausfahrt mit dem Schiff oder eine Expedition an die Küste, um Proben und Daten zu sammeln. Wenn man Glück hat, geht es dabei zu paradiesischen Stränden oder in die wilde Arktis. Manche verbringen gar mehrere Monate auf einem Schiff im ewigen Eis. Dort ist aber nicht Urlaub angesagt, sondern anpacken, und ein Tag kann schnell mal 20 Arbeitsstunden haben. Wenn man sich nach vier Stunden Schlaf wieder in einen immer noch nassen Neoprenanzug zwängt, sehnt man sich manchmal doch nach der gemütlichen Couch zu Hause. Ein andermal findet man sich im bitterkalten Februar im Watt wieder und wühlt mit halb erfrorenen Fingern im Schlamm herum. In aller Frühe Köder vorzubereiten und dafür Makrelen mit den Händen zu zermatschen, ist nicht unbedingt was für jeden Magen. Seekrankheit ist natürlich der Endgegner, dem sich alle MeereswissenschaftlerInnen im Leben stellen müssen, und wer denkt, er sei hart im Nehmen, der sollte mal versuchen, auf einem schaukelnden Schiff stundenlang durch ein Mikroskop zu gucken. Aber das ganze Leid ist schnell wieder vergessen, wenn eine Gruppe Wale die Fluke zum Gruß aus dem Wasser streckt und ihre Blaswolken im Morgenlicht glitzern.

Die Action kommt in diesem Beruf auch nicht zu kurz: Hechtsprünge auf Haie, die größer sind als man selbst, Schwanzflossenhiebe, die einen Sterne sehen lassen, beim Probennehmen in Feuerkorallen fassen und durch beängstigende Wellen schwimmen, um Equipment zu retten, sind nur ein paar der Abenteuer, die man erlebt. Von Seeigelstacheln fange ich lieber erst gar nicht an zu erzählen. Alles für die Daten! Hat man die gesammelt, folgt meist wochenlanges Eintippen in den Computer, das Brüten über statistischen Auswertungen oder Experimente im Labor, die einfach nicht so funktionieren, wie sie sollten. Und dann kommt der Horror: Man muss das Ganze irgendwie in einem wissenschaftlichen Artikel zusammenfassen. Rückenschmerzen dank Schreibtischarbeit ist auch bei WissenschaftlerInnen eine weitverbreitete Diagnose.

Das Leben von MeeresbiologInnen ist also nicht nur Sommer, Sonne, Strand, es kann ein harter Job sein. Aber ich glaube, so wie ich macht auch jeder andere, der diesen Beruf gewählt hat, jede dieser, teilweise absurden, Tätigkeiten mit Leidenschaft, Spaß und Hingabe. Und es lohnt sich, nicht nur für die Wissenschaft, sondern für uns alle, denn ohne die Hingabe dieser Menschen hätten wir keinen Schimmer davon, wie wichtig und unabdingbar unsere Ozeane auch für unser Leben auf dem Land sind. Die Oberfläche unseres blauen Planeten, der ja paradoxerweise »Erde« genannt wird, besteht zu mehr als 70 Prozent aus Wasser, und der überwiegende Teil dieses Wassers befindet sich in den Ozeanen. Diese verteilen sich nicht nur auf fast zwei Drittel der Erdoberfläche, sondern sind auch noch, mit im Durchschnitt 4000 Metern, extrem tief. Damit machen sie 99 Prozent des Lebensraums unserer Erde aus und bilden ihr größtes Ökosystem. Und das besteht wiederum aus vielen verschiedenen

Lebensräumen. Tiefsee, offene See, Meeresboden, Küsten, flaches Wasser, klares Wasser, warmes Wasser, kaltes Wasser – jede dieser Eigenheiten des Ozeans bildet ein für sich stehendes Ökosystem, auf das sich verschiedenartigste Lebewesen wie Bakterien, Viren, Algen, Pflanzen, Fische, Vögel, Reptilien oder Säugetiere angepasst haben. All diese einzelnen Ökosysteme sind durch Strömungen miteinander verbunden. Schon die alten Griechen wussten das. Die Bezeichnung »Ozean« stammt vom altgriechischen Wort *ōkeanós* und bedeutet so viel wie »der das Land umschließende Weltstrom«. Auch wir sind mit dem Meer verbunden, selbst wenn wir uns Hunderte Kilometer weit von ihm entfernt aufhalten. Das Meer, oder besser gesagt die Algen und Bakterien, die in ihm leben, sind die Hauptquelle des für uns lebensnotwendigen Sauerstoffs. Indem das Meer Wärme vom Äquator zu den Polen transportiert, reguliert es unser Wetter und Klima. Ohne den Golfstrom würden wir uns hier in Europa salopp gesagt den Arsch abfrieren. Das Meer ist der wichtigste und größte Kohlenstoffdioxidspeicher auf unserem Planeten. Auch wirtschaftlich gesehen, ist es enorm wichtig, denn es fungiert als Handelsstraße, versorgt Millionen von Menschen mit Nahrung und schafft Millionen von Jobs in vielen verschiedenen Branchen. Es gibt Schätzungen, die besagen, dass der Ozean für drei Milliarden Menschen die Lebensgrundlage bildet. Trotzdem behandeln wir ihn manchmal etwas stiefmütterlich. Denn obwohl wir es mittlerweile geschafft haben, bis zum Mars zu fliegen, wissen wir nicht mal genau, wie der Meeresgrund vor unserer eigenen Haustür aussieht. Aber wie soll man denn eigentlich wissen, wie viel man weiß, wenn man gar nicht weiß, was man alles nicht weiß?

Man hört oft den Satz, dass wir nur ungefähr fünf Prozent des Meeres erforscht haben. Diese Zahl bezieht sich eigentlich auf den Meeresboden, wird aber oft auf die gesamte Meeresforschung angewendet. Es ist zwar so, dass schon annährend der gesamte Meeresboden vermessen wurde – das nennt man übrigens Bathymetrie –, allerdings nur in einer Auflösung von ungefähr fünf Kilometern. Das kann man sich vorstellen wie bei alten Computerspielen mit detailarmer Grafik. Denn Strukturen, die kleiner sind als ein Pixel, konnten damals nicht dargestellt werden. Deswegen hatte Pac-Man nur einen schwarzen Punkt als Auge, mehr Detail ging nicht. Bei Satellitenmessungen haben die »Pixel« eben eine Seitenlänge von fünf Kilometern. Alle Strukturen, die kleiner sind, können nicht gemessen werden. Dadurch werden bei diesen Messungen nur große Unterwasserberge, -schluchten und -täler sichtbar, alles andere bleibt verborgen. Im Vergleich dazu: Der komplette Mars ist mit einer Auflösung von sechs

Metern vermessen, aber eben nur ungefähr fünf Prozent des Meeresbodens ist in solch einer hohen Auflösung kartiert. Die Gründe dafür sind zum einen, dass einfach mehr Geld in Weltraumforschung gesteckt wurde als in Meeresforschung. Zum anderen ist die Vermessung des Meeresbodens schwieriger, weil das Wasser im Weg ist. Mit Satelliten können wir zwar die Wasseroberfläche, ihre Temperatur und anhand ihrer Farben sogar den Algengehalt bestimmen, viel weiter können wir aber leider nicht gucken, da elektromagnetische Strahlung wie Licht nicht tief in Wasser eindringen kann. Für die grobe Vermessung des Meeresbodens mithilfe von Satelliten werden per Radar die Höhenunterschiede der Wasseroberfläche gemessen. Bergketten, die unter Wasser liegen, haben eine höhere Erdmassendichte und damit eine gesteigerte Erdanziehungskraft. Dadurch sammelt sich über den Bergketten das Wasser, und der Meeresspiegel steigt. Über Unterwassertälern senkt er sich. Von diesen Dellen in der Wasseroberfläche kann also auf die Oberflächenstruktur des Meeresbodens geschlossen werden. Wer jetzt etwas verwundert ist: Der Meeresspiegel ist nicht überall gleich hoch, und das Meer ist übersät mit kleinen Dellen, die man nicht bemerkt, wenn man mit einem Boot darüberfährt.

Um eine hochauflösende Vermessung des Meeresbodens zu erhalten, wird mit einem sogenannten

Fächerecholot gearbeitet. Er sendet fächerförmig Schallwellen von einem Schiff aus, die der Meeresboden reflektiert, und anhand der Rückkehrzeit dieser Echos kann die Wassertiefe bestimmt werden. Damit erreicht man Auflösungen von ungefähr 50 Metern. Autonome Tauchroboter, die näher am Boden arbeiten, haben sogar Auflösungen im Zentimeterbereich. Solche Tauchdrohnen wurden 2014 bei der Suche nach der verschollenen Boeing 777 des Malaysia-Airlines-Flug MH 370 im Indischen Ozean eingesetzt. Die Suche blieb zwar erfolglos, stattdessen wurden unbekannte erloschene Tiefseevulkane, Bergrücken und Unterwassergräben entdeckt. Die Tragödie des Flugzeugabsturzes zeigte der Öffentlichkeit auch die Lücken der Meeresforschung auf.

Eine hochauflösende Karte des Meeresbodens ist nämlich durchaus wichtig, um unseren Planeten, seine Geschichte als auch seine Zukunft zu verstehen und vorhersehen zu können. Die Formen des Meeresbodens erzählen uns von Bewegungen in der Plattentektonik und verraten, wo Vulkanismus, Hydrothermalquellen und andere Lebensräume der Tiefsee versteckt sind. Das sind alles wichtige Informationen, wenn es darum geht, Erdbeben- und Tsunamigefahren zu bestimmen, Rohstoffvorkommen abzuschätzen und Schutzzonen zu errichten. Auch helfen sie, die generellen Eigenschaften des Ozeans besser zu verstehen, wie Strömungsverläufe, Ozeanzirkulation, Wetterphänomene, Sedimenttransport und Klimawandel. Daher hat sich das Projekt *Seabed 2030* zum Ziel gesetzt, bis 2030 die komplette Oberflächenstruktur des Meeresbodens zu vermessen. Da es mehrere Hundert Jahre dauern würde, mit einem Schiff den gesamten Meeresboden zu vermessen, nutzt das Projekt die Crowdsourcing-Strategie – je mehr mitmachen, desto schneller geht es. Momentan hat *Seabed 2030* weltweit 133 PartnerInnen und Mitwirkende. Im Juni 2020 wurde vermeldet, dass *Seabed 2030* mittlerweile 14,5 Millionen Quadratkilometer, das entspricht ungefähr 20 Prozent der Fläche des gesamten Meeresbodens, auf modernstem Niveau kartiert hat. Die mythischen fünf Prozent sind also Geschichte. Die Chancen stehen gut, dass wir bis 2030 eine hochauflösende, frei verfügbare 3D-Karte des Meeresbodens haben.

Aber auch die Meeresoberfläche birgt noch Überraschungen. Früher brachen SeefahrerInnen auf, um neues Land oder Inseln zu kartieren. Heutzutage tragen SeefahrerInnen dazu bei, diese wieder von der Weltkarte zu streichen. Tatsächlich gibt es immer noch sogenannte Phantominseln – Inseln, die zwar auf Karten existieren, aber nicht in der Realität. Diese sind in den Zeiten der Seefahrt entstanden, als es noch nicht möglich war, den eigenen Standort mittels GPS genau zu bestimmen. Da haben sich Seeleute durchaus mal in ihrem Standort vertan, und so wurden schnell aus eigentlich schon kartierten Inseln Neuland, das man dann an falschen Positionen in den Seekarten eingetragen hat. Manchmal wurden Inseln aus Gier nach Ruhm einfach erfunden, aber auch tief hängende Wolken und Halluzinationen scheinen ab und zu vermeintliche Küsten an den Horizont gezaubert zu haben. Natürlich kann es aber durchaus auch mal passieren, dass real existierende Inseln vom Meer verschluckt werden und untergehen. Auf Karten aus dem 19. Jahrhundert sind noch um die 200 dieser Phantominseln eingetragen, und selbst bis ins 21. Jahrhundert haben sich einige hartnackig gehalten. 2012 sollte vor einem Forschungsschiff, das zwischen Australien und Neukaledonien unterwegs war, die Insel Sandy Island auftauchen. Stattdessen beobachteten die Forscher amüsiert auf dem Monitor, wie ihr Schiff die Pixel auf Google Maps, die als Sandy Island markiert waren, durchkreuzte. Tatsächlich waren sie nur von tiefem Wasser umgeben. Daraus lässt sich schließen, dass es diese Insel, die Captain Cook auf seiner zweiten Weltreise (1772 bis 1775) entdeckt hatte, wahrscheinlich nie gegeben hat. Auch die Insel Bermeja im Golf von Mexico wurde nach einer intensiven Suche 2009 als nicht existent deklariert.

Nicht nur geografisch gibt es noch einiges im Meer zu entdecken. Auch die Flora und Fauna ist noch reichlich unbekannt. Ein gutes Beispiel dafür ist der Riesenmaulhai (*Megachasma pelagios*). Der wurde, trotz seiner Größe von bis zu sieben Meter Länge, erst 1976 entdeckt. Der Name ist Programm: Mit seinem riesigen Maul filtert er, wie der Riesen- und der Walhai, Kleinstlebewesen aus dem Wasser, aber statt Plankton ist Krill seine Leibspeise. Viel mehr als das wissen wir bis heute nicht über diese Haiart, da man ihr sehr selten begegnet. Von 1976 bis 2018 gab es nur 117 Sichtungen, das sind nicht einmal drei pro Jahr. Sie scheinen sich gerne in tropischen und gemäßigten Gewässern aufzuhalten, die besten Chancen, einen Riesenmaulhai zu treffen, habt ihr wahrscheinlich im Pazifik bei Japan, den Philippinen und Taiwan. Keine Sorge, sie beißen nicht!

Richtig bekannt wurde der Riesenkalmar (*Architeuthis dux*) durch Jules Vernes Roman *Zwanzigtau-*

Der Riesenmaulhai, der bis zu sieben Meter lang werden kann, hält sich tagsüber in tieferen Gewässern auf und kommt nur nachts an die Oberfläche. Das könnte ein Grund dafür sein, dass er so selten gesichtet wird.

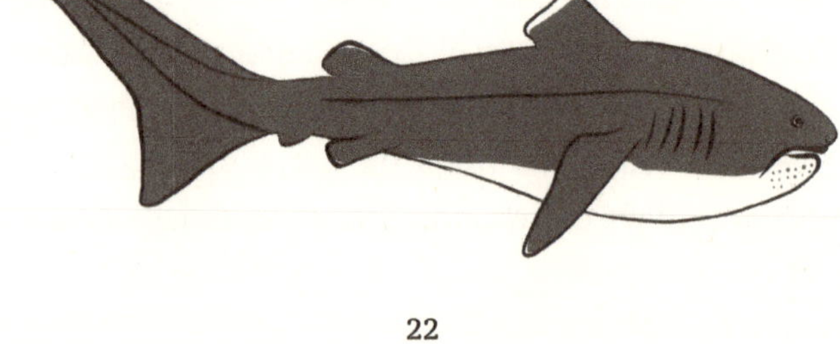

send Meilen unter dem Meer von 1870. Dass er existiert und nicht nur einem Seemannsgarn entsprungen ist, wussten wir schon seit einiger Zeit durch tote Exemplare, die an die Küste gespült wurden oder in Schleppnetze geraten sind. Aber in den Genuss, einen lebenden Riesenkalmar in seiner natürlichen Umgebung in der Tiefsee zu sehen, kamen wir erst 2012. Vor den japanischen Ogasawara-Inseln war es in 700 Meter Tiefe endlich geglückt, das langarmige Tier vor eine Kamera zu bekommen. Die atemberaubenden Aufnahmen zeigen einen um die vier Meter langen Riesenkalmar, dessen Haut im Schein der Lampe majestätisch silber- und rotgoldfarben glänzt. Diese Aufnahmen waren nur dank dem ausgeklügelten Kamerasystem *Medusa* möglich, welches an einem Seil in die Tiefe hinabgelassen wird. Es nutzt also keine Motoren zur Fortbewegung und produziert somit keinerlei Geräusche, welche die Tiere stören könnten. Anstatt weißem Licht, das normalerweise für die Scheinwerfer von Tiefseebooten benutzt wird, wurde hier rotes Licht eingesetzt, das für die meisten Tiefseelebewesen nicht sichtbar ist und sie deshalb nicht verscheucht. Als Köder diente eine sogenannte elektrische Qualle. Das sind kleine, im Kreis angeordnete LED-Lichter, die immer wieder nacheinander aufleuchten und so einen Lichtkreis kreieren, der den Abwehrmechanismus von Tiefseequallen imitiert. Die Quallen leuchten auf, wenn sie angegriffen werden, um größere Jäger wie beispielsweise den Riesenkalmar anzulocken. So werden die Quallen-Jäger selbst zu Gejagten. Mit dieser Strategie hatte ein anderes Team auch 2019 Erfolg, dem im Golf von Mexiko ein weiterer dieser Giganten vor die Kameralinse schwamm, als er versuchte, die vermeintliche Qualle und ihr Kameraanhängsel mit seinen Tentakeln zu erkunden.

Auch heute noch tummeln sich viele unbekannte Arten in den Tiefen des Ozeans. Schätzungen zufolge gibt es im Meer etwa eine Million verschiedene

Riesenkalmare sind weltweit verbreitet und leben wahrscheinlich in Tiefen zwischen 500 und 1000 Metern. Ihre durchschnittliche Größe liegt bei fünf Metern Länge, gemessen vom Kopf bis zum längsten Tentakel. Berichte über Längen von bis zu zwölf Metern liegen an den dehnfähigen Tentakeln: Werden diese für die Messung gestreckt und gezogen, ist das Tier schnell doppelt so lang.

Tier- und Pflanzenarten, und etwa zwei Drittel davon warten noch darauf, von uns entdeckt zu werden. Das Projekt *Census of Marine Life* (Volkszählung der Meereslebewesen) hatte sich in einem Zehnjahreszeitraum von 2000 bis 2010 zum Ziel gesetzt, eine Übersicht über die Diversität, also die Vielfalt der Arten, ihre Verteilung und die Häufigkeit ihres Vorkommens im Ozean zu schaffen. Der Aufwand war enorm: 27 000 WissenschaftlerInnen aus mehr als 80 verschiedenen Ländern waren involviert. Neben unzähligen Stunden Arbeit entlang an Stränden und Küsten wurden 540 Expeditionen mit Schiffen durchgeführt. Dieses Engagement hat sich auf jeden Fall gelohnt, es wurden 1200 neue Arten beschrieben und 5000 weitere potenzielle neue Arten entdeckt. Es zeigte sich, dass ein Liter Meerwasser schon so vielfältig sein kann, dass sich in ihm bis zu 38 000 verschiedene Bakterienarten finden lassen. Auch besondere Überraschungen gab es, wie das Auftauchen einer Art von hummerartigen Zehnfußkrebsen *Neoglyphea neocaledonica*, von der zuvor angenommen wurde, sie sei seit 50 Millionen Jahren ausgestorben. Der Zensus zeigte mit seinen massenhaften Entdeckungen an neuen Arten und Lebensräumen, wie wenig wir immer noch über die Ozeane wissen. Aber mit Ende des Projekts ist die Volkszählung noch lange nicht vorüber, auch heute noch werden jedes Jahr weitere neue marine Arten beschrieben. Bei einer Tiefseeexpedition im April 2020 wurden 30 neue Arten entdeckt und dazu noch ein Rekord gebrochen: Der Blauwal wurde von seinem Thron als längstes Tier gestoßen, und zwar von einer 46 Meter langen neuen Art der Perlenketten-Quallen (*Apolemia*, s. Illustration). Zugegeben, das ist nicht ganz fair dem Blauwal gegenüber, denn die Qualle gehört zu den freischwimmenden Siphonophorae und ist kein richtiges Individuum, sondern eine Kolonie, die sich aus Tausenden einzelnen Klonen zusammensetzt, aber, genauso wie Korallenkolonien, als eine Einheit funktioniert. Die Klone hängen wie an einer Perlenkette aufgefädelt aneinander und bilden so eine lange Schnur, die im Wasser schwebt und darauf wartet, dass ihr Beute in die Tentakel schwimmt.

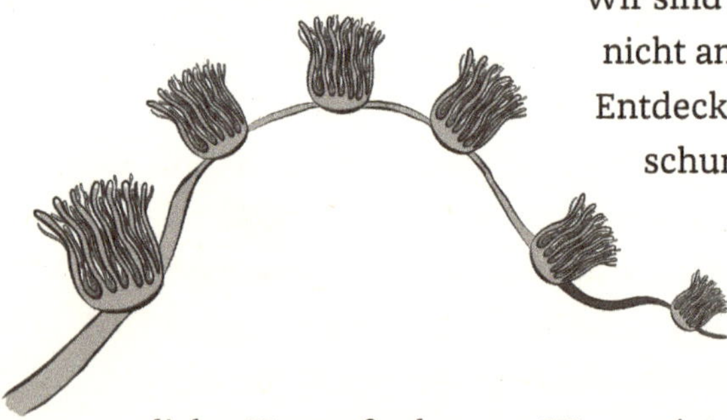

Wir sind also noch lange nicht am Ende mit dem Entdecken. Und die Forschung, besonders in den Tiefen des Ozeans, ist immer noch eine ziemliche Herausforderung. Wasser ist für uns als Geschöpfe des Landes ein fremdes Element. Wir können unter Wasser nicht atmen, deswegen können wir selbst mit modernster Technik nur für kurze Zeit selbst in diese Welt eintauchen. Licht dringt nur in die obersten 200 Meter der Wassersäule ein, darunter herrscht Finsternis. Mit jedem Meter Tiefe steigt der Druck um 0,1 bar, am tiefsten Punkt des Ozeans, im Marianengraben, der ungefähr 11 000 Meter tief ist, sind wir bei einem Druck von 1100 bar angelangt. Das ist vergleichbar mit dem Druck, den zwei ausgewachsene Elefanten verursachen würden, wenn sie zusammen auf deinem kleinen Zeh stehen. Ohne hochtechnische Ausrüstung macht einen die Tiefsee also sprichwörtlich platt. Stürme und riesige Wellen lassen auch für große Schiffe die Fahrten auf offener See zum reinsten Abenteuer werden. All diese Gegebenheiten machen die Forschung aufwendig und teuer. Dennoch passiert viel in den Meereswissenschaften. In den folgenden Kapiteln möchte ich euch zeigen, wie faszinierend und vielfältig nicht nur das Leben im Meer, sondern auch die Wissenschaft, die sich damit beschäftigt, sein kann, wie diese auf den ersten Blick vielleicht etwas abwegigen Geschichten Bezug zu unserem alltäglichen Leben haben und wie viel – und wie wenig – wir eigentlich über dieses uns so fremde Ökosystem wissen. Hiermit möchte ich euch einladen auf eine Expedition durch unsere sieben Weltmeere und zu einigen der vielen Geheimnisse, die immer noch in ihnen schlummern.

Wenn Haie leuchten

[illegible] 1960er-Jahren quetschten WissenschaftlerInnen Hunderte von Quallen der Art *Aequorea victoria* aus, um ein Protein zu isolieren, das sie faszinierte und das die Quallen zum Leuchten brachte: das Green Fluorescent Protein, kurz GFP. Diese Quallen sind nicht umsonst im Labor gestorben, denn 30 Jahre später sollte dieses Protein die Biologie und Medizin revolutionieren. Wer einen Uniabschluss in Bio hat und nicht weiß, was GFP ist, hat definitiv zu viel Party gemacht oder saß ständig im falschen Hörsaal. Allen NichtbiologInnen wird diese Unwissenheit verziehen. Wie der Name schon sagt, hat das GFP eine besondere Eigenschaft: Es fluoresziert grün. Das bedeutet, wenn man es mit energiereichem Licht wie blauem oder ultraviolettem Licht bescheint, erstrahlt es in hellem Grün.

Als das Gen dieses Proteins in den 1990er-Jahren entschlüsselt wurde, stellte man fest, dass es sich sehr gut in andere Proteine einbauen lässt, ohne diese dabei in ihrer Funktion zu stören. Damit ergaben sich fantastische Anwendungsmöglichkeiten für die Biotechnologie. Dank Gentechnik kann man das GFP-Gen gezielt an ein anderes Gen ankleben. Wenn das manipulierte Gen nun abgeschrieben wird und ein neues Protein entsteht, wird auch das GFP mit eingebaut. Das Resultat: Man hat nun ein leuchtendes Protein und kann, mithilfe eines Mikroskops, tatsächlich sehen, wie und wohin sich das bestimmte Protein in der Zelle verteilt. So hatte man zum ersten Mal die Möglichkeit, ganz gezielt bestimmte Proteine und ihre Konzentration, Verteilung und Bewegung in der lebenden Zelle zu beobachten. Also live und in (grüner) Farbe.

Das Ganze kann aber nicht nur auf Zellebene, sondern auch auf ganze Lebewesen angewendet werden. Ja, es wurden auch schon leuchtende Katzen gezüchtet, aber nicht zum Spaß. Die genetisch veränderten Katzen werden zum Beispiel für die HIV-Forschung genutzt. Hierfür wurde ein potenziell HIV-abwehrendes Gen zusammen mit dem GFP-Gen in Katzeneizellen eingepflanzt. Das GFP fungiert hier als Marker: Wenn die Katzen, die aus den genmanipulierten Eizellen heranwuchsen, unter UV-Licht grün leuchteten, hieß das, dass die Genübertragung geklappt hatte. GFP wird auch gern als Markierung verwendet, um gezielt nach bestimmten Bakterien zu suchen. Dafür baut man spezielle DNS-Sonden, die mit GFP markiert sind. Die DNS-Sonden werden auf eine Probe gegeben und lagern sich nur an Bakterien mit identischen DNS-Abschnitten an. Jetzt nur noch Mikroskop und UV-Licht drauf und schon strahlen die gesuchten Bakterienzellen in

Smaragdgrün. Mithilfe solcher leuchtenden DNS-Sonden kann auch die Genexpression untersucht werden. Dabei wird überprüft, ob bestimmte Gene an- oder ausgeschaltet sind. Das hilft, um die Funktion von unbekannten Genen zu verstehen oder zu erforschen, wie Zellen auf Stress oder Krankheiten reagieren. Das waren nur ein paar wenige Beispiele, wie GFP im Laboralltag benutzt wird, aber es lässt erahnen, wie wichtig GFP in den letzten Jahrzehnten war und auch weiter sein wird. Da ist es nicht überraschend, dass 2008 die weltbewegende Arbeit von Martin Chalfie, Osamu Shimomura and Roger Tsien, die an und über GFP forschten, mit dem Nobelpreis für Chemie gewürdigt wurde – einen Nobelpreis für Biologie gibt es immer noch nicht.

GFP ist übrigens nicht zwangsläufig grün. Mit ein paar kleinen genetischen Veränderungen konnte man aus dem GFP schnell auch eine gelbe, blaue und cyane, also blaugrüne, Variante machen. Die verschiedenen Farben ermöglichen es, gleichzeitig mehrere Proteine oder Bakterien oder Ähnliches zu beobachten. Also je mehr Farben, desto besser. Nur in den roten Lichtbereich kam man einfach nicht rein. Das änderte sich schlagartig, als sich eine neue Quelle andersartig fluoreszierender Proteine auftat. Auf einer Party in Moskau blickte ein Biologe zu tief ins Glas eines von Schwarzlicht erleuchteten Meerwasseraquariums und wunderte sich über die psychedelisch leuchtenden Farben, mit denen ihm die Anemonen und Korallen entgegenleuchteten. So wie beim GFP waren auch hier das Meer und Nesseltiere der Ursprung für neue fluoreszierende Proteine, die nun die Anwendung von roter-, orange- und lilafarbener Fluoreszenz ermöglichten.

Aber was genau ist Fluoreszenz eigentlich, und was für eine Funktion hat sie in der Natur? Was wir als sichtbares Licht bezeichnen, ist elektromagnetische Strahlung in Form von Wellen, die wir mit unseren Augen wahrnehmen können. Unsere optische Wahrnehmung bewegt sich im Wellenlängenbereich von ungefähr 380 bis 750 Nanometern. Wellenlänge bedeutet einfach nur die Länge des Abstandes einer Wellenspitze zur nächsten. Je kürzer die Wellenlänge, desto mehr Energie steckt in der Strahlung. Das ist ähnlich wie das Training mit dem Battle Rope im Fitnessstudio. Es ist anstrengender, viele kleine Wellen mit dem Seil zu erzeugen als wenige große, daher steckt in den kleinen mehr Energie von der Person, die trainiert. Blaues Licht hat mit ungefähr 420 Nanometern eine kurze Wellenlänge und ist damit energiereich. Rot liegt am anderen Ende des Spektrums und ist mit ungefähr 750 Nanometern energieärmer. Energiereiches Licht, das wir Menschen nicht mehr sehen können, wird als UV-Licht bezeichnet. Dieses energiereiche Licht ist übrigens verantwortlich für den schmerzvollen Teil des

Sommerurlaubs, den Sonnenbrand. Infrarotes Licht hingegen ist Strahlung, deren Wellen zu lang für unseren optischen Wahrnehmungsbereich sind, aber wir spüren sie als Wärme auf unserer Haut.

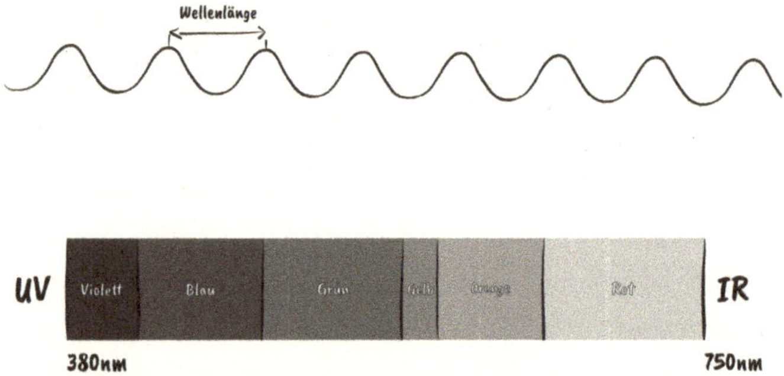

Als Wellenlänge bezeichnen wir den Abstand zwischen den Spitzen der Wellenhügel. Das Spektrum des sichtbaren Lichts bewegt sich zwischen 380 und 750 Nanometern.

Das sind die Grundlagen, um über Fluoreszenz zu sprechen. Fluoreszenz nennt man den Prozess, bei dem ein Elektron durch energiereiche elektromagnetische Strahlung, meist blaues oder UV-Licht, kurzzeitig angeregt wird. Das heißt, das Elektron nimmt diese Energie auf und wird dabei auf ein höheres Energieniveau gehoben. Dort vibriert es kurz vor sich hin, wobei ein Teil dieser Energie verloren geht. Dann fällt es wieder auf sein ursprüngliches Energieniveau zurück. Beim Fallen wird die restliche zuvor aufgenommene Energie als Licht abgegeben. Da das Elektron beim Vibrieren schon ein wenig Energie verloren hat, gibt es beim Fallen eine geringere Menge ab, als es zu Beginn aufgenommen hat. Dadurch ist die Strahlung, die beim Fallen abgegeben wird, energieärmer als zuvor. Deshalb ändert sich die Wellenlänge und folglich die Farbe des Lichts, sodass es nun auch von unseren Menschenaugen gesehen werden kann. Da das Licht aber eben nicht vom Objekt reflektiert wird, wie das sonst so bei farbigen Objekten läuft, sondern durch die Wandlung letztendlich mehr sichtbares Licht abgestrahlt wird, als zuvor eingegangen ist, erscheinen die Dinge in Neonfarben zu leuchten, meist in gelb, orange,

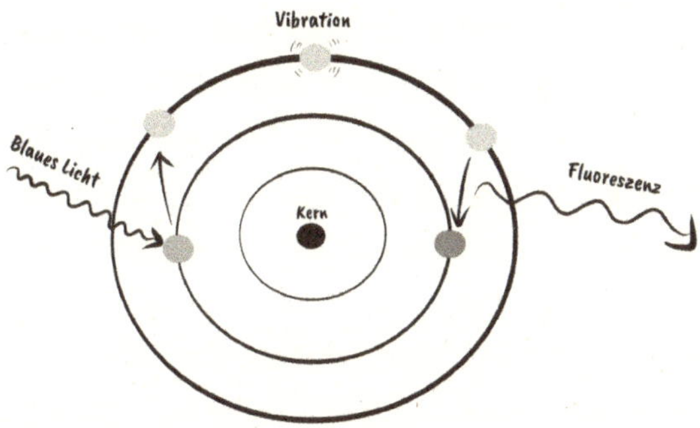

Fluoreszenz auf Teilchenebene: Ein Elektron (hier gezeigt in einem Schalenmodel eines Atoms) wird von blauem Licht auf ein höheres Energieniveau gehoben und fällt nach kurzer Zeit wieder auf das alte Energieniveau zurück, wobei die überschüssige Energie wieder als Licht abgegeben wird.

pink, rot, grün oder lila. Fluoreszenz ist übrigens für unsere Augen nur im Dunkeln gut zu sehen, da sie sonst vom Tageslicht überstrahlt wird.

Wenn Tiere oder Pflanzen die Fähigkeit besitzen zu fluoreszieren, nennt man das Biofluoreszenz. Die ist nicht zu verwechseln mit der Biolumineszenz. Das sind zwei verschiedene Dinge. Bei der Biolumineszenz wird mit Enzymen und chemischen Reaktionen von einem Organismus selbst Licht erzeugt. Das bedeutet, Biolumineszenz funktioniert auch in kompletter Dunkelheit, daher ist sie eine sehr beliebte Kommunikationsform in der Tiefsee. Biofluoreszenz dagegen ist immer abhängig von einer Lichtquelle und natürlich davon, dass die Tiere die Eigenschaft besitzen zu fluoreszieren.

Aber was bringt ihnen denn eigentlich das Leuchten? Bei den Korallen vermutet man, dass die fluoreszierenden Proteine als Sonnenschutz dienen könnten. Korallen sind, auch wenn sie vielleicht auf den ersten Blick so erscheinen, keine Pflanzen, sondern Nesseltiere und nahe verwandt mit den Quallen. Hunderte oder Tausende Korallenpolypen wachsen zusammen und bilden so Kolonien, die wir als Korallen kennen. In zwei Dingen sind sie aber durchaus pflanzenähnlich. Zum einen sind fast alle Arten sessil, sie wachsen also an einem Standort fest und können sich von dort nicht wegbewegen. Zum anderen leben sie, auch wenn sie mit ihrem Polypenmund winziges Plankton fressen, hauptsächlich von indirektem Sonnenlicht. In ihrem Gewebe leben kleine einzellige Algen, sogenannte Zooxanthellen, als Untermieter. Diese Algen produzieren dank Photosynthese Zucker, von dem sie einen Teil an die Koralle abgeben, und bekommen im Gegenzug von der Koralle Nährstoffe wie Ammonium und Kohlenstoffdioxid sowie ein geschütztes Zuhause. Nun brauchen die Korallen, beziehungsweise ihre Algen, natürlich Sonnenschein, um zu funktionieren. Zu intensive Sonnenstrahlung kann allerdings beide Lebewesen schädigen. Hier kommen nun die Fluoreszenzproteine ins Spiel. Bei erhöhtem Sonnenstress produzieren Korallen mehr von diesen Proteinen. Da die Proteine UV-Licht in weniger aggressives Licht umwandeln, geht man davon aus, dass sie die Korallen wie eine Sonnencreme vor der Strahlung schützen. Und sie scheinen noch einen weiteren Nutzen zu haben. Vor wenigen Jahren entdeckten ForscherInnen, dass Korallen, die in tieferen Wasserschichten der Riffe leben, eine höhere Konzentration an fluoreszenten Proteinen aufweisen als die Flachwasserkorallen. Das war überraschend, da Sonnenstrahlen durch Absorption und Streuung an Intensivität nachlassen, je tiefer sie in Wasser eindringen. Daher sollte ein Sonnenschutz in dieser Tiefe eigentlich nicht nötig sein. Trotzdem erstrahlte ein Riff auf 60 Meter Tiefe im Roten Meer in prachtvollster Knicklichtmanier, vor allem in roten und orangen Farben, als es mit blauem Licht angestrahlt wurde. Die Fluoreszenz scheint also noch eine weitere Aufgabe zu erfüllen. In diesen Tiefen, in die nur noch wenig Licht vordringt, dient sie wahrscheinlich genau dem umgekehrten Sinn: Anstatt aggressives Licht abzuwehren, wird es hier in eine Wellenlänge umgewandelt, die die Algen gut für ihre Photosynthese nutzen können. So dienen die Proteine hier als Lichtfänger, um in dieser Tiefe überhaupt existieren zu können.

Als sich herumsprach, dass Korallen so abgefahren leuchten können, entwickelten zu Beginn des neuen Jahrtausends einige WissenschaftlerInnen und TaucherInnen Unterwasserlampen mit blauem oder UV-Licht, um selbst in diese psychedelische Unterwasserwelt eintauchen zu können. Ein Nachttauchgang durch ein neon-erleuchtetes Korallenriff, auch *Fluo Dive* genannt, hat etwas von einem Technofestival und ist, trotz oder gerade wegen der fehlenden Musik, ein Erlebnis, das ich jeder Wasserratte ans Herz lege. Dank dieser neuen Ausrüstung fiel nun aber auf, dass Korallen nicht die einzigen Teilnehmer der Leuchtparade sind. Auch Fische, Krebse oder Nacktschnecken erstrahlten in vorher nicht gesehener Farbenpracht und Musterung. 2014 versuchten WissenschaftlerInnen zum ersten Mal, sich einen Überblick darüber zu verschaffen, wie viele Rifffische leuchten können. Egal, ob Knorpel- oder Knochenfisch, sie fanden über 180 Arten: Katzenhaie, Rochen, Doktorfische, Seezungen, Anglerfische, Pfeifenfische, Meergrundeln oder Skorpionfische, um nur ein paar aufzuzählen, leuchteten am ganzen Körper oder nur an bestimmten Stellen grün oder rötlich, sodass sich funkelnde Muster bildeten. Und das war erst der Anfang. Seitdem sind noch viele weitere Arten hinzugekommen. Aber Fische betreiben ja keine Photosynthese, und vor der Sonne können sie sich ganz einfach mit ein paar Flossenschlägen verstecken. Was also könnte bei ihnen der Grund für ihre Fluoreszenzfähigkeit sein?

Eine Untersuchung zeigte, dass Fluoreszenz hauptsächlich bei bodenbewohnenden Fischen, die camouflageartige Farben und Muster tragen und daher gut getarnt sind, ausgeprägt ist. ForscherInnen vermuten, dass die Fische so gut getarnt sind, dass sie es schwer haben könnten, ihre eigenen ArtgenossInnen zu finden. Das ist zwar praktisch, um sich vor kannibalistischen ArtgenossInnen zu verstecken, macht's aber bedeutend schwerer bei der Fortpflanzung. Daher hat sich die Evolution dieses Leuchten einfallen lassen, das so diskret ist, dass es nicht gleich alle sehen können.

Für diese Theorie sprechen beispielsweise die Augen der Fische. Die meisten Fische im Riff können Farben sehen, aber die Fische mit Fluoreszenzeigenschaften besitzen im Augeninnern zusätzlich gelbe Filter, die als Langpassfilter fungieren, also kurze Wellenlängen herausfiltern und so die Wahrnehmung von langen Wellenlängen, in denen sich die Fluoreszenz bewegt, verbessern. Auch für Menschen wurden solche Langpassfilter schon entwickelt – wir können dafür einfach eine spezielle Brille mit gelben Gläsern aufsetzen. Für die Theorie, dass Biofluoreszenz zur Kommunikation genutzt wird, spricht auch eine Beobachtung an nahe verwandten Arten der Eidechsenfische. Diese verschiedenen Arten der Eidechsenfische sind auf den ersten Blick schwer voneinander zu unterscheiden, da sie ähnliche Muster und Farben tragen. Ihre jeweiligen Fluoreszenzmuster hingegen sind so unterschiedlich, dass die Bestimmung dadurch sowohl den Menschen als wahrscheinlich auch den Fischen selbst viel leichter fällt. Bei anderen Lebewesen wird vermutet, dass Fluoreszenz für sie eine wichtige Rolle bei der Tarnung spielt. Ja, viele Korallenarten im Riff leuchten, aber auch das grüne Chlorophyll von Algen, die auf Steinen oder abgestorbenen Korallen wachsen, fluoresziert in Rot. Der Lebensraum Korallenriff, in dem man sich als Fisch bewegt, ist also ziemlich bunt fluoreszierend. Wenn man nun auf einer grün leuchtenden Koralle sitzt und selbst aber nicht leuchtet, ist man, wie eine dicke Spinne an einer Straßenlaterne, ein schwarzer Schatten vor hellem Hintergrund. So ist man von einem Jäger oder einer potenziellen Beute natürlich leicht zu erspähen. Vorausgesetzt natürlich, dass diese mit einem gelben Filter im Auge ausgestattet sind. Daher hilft hier eine komplette rote oder grüne Fluoreszenzfärbung als Tarnung ungemein und ist deshalb auch bei Tarnungsspezialisten wie den Skorpionfischen festzustellen.

Eine andere Studie zeigte, wie Fluoreszenz zum Beutefang benutzt wird. Die Tentakelspitzen der Blumenhut-Hydromeduse *(Olindias formosus)* fluoreszieren grün - und junge Riffbarsche reagieren darauf wie Motten auf Licht. Sie schwimmen direkt in die Quallenfalle. WissenschaftlerInnen testeten daraufhin das Verhalten von Rifffischen auf grünes Licht und spielten unter Wasser mit einem grünen Laserpointer. Und siehe da: Viele der Fischarten jagten dem grünen Punkt genauso engagiert hinterher, wie man es von Katzen kennt. Daher gehen wir davon aus, dass einige fluoreszierende Meerestiere wie die Fangschreckenkrebse oder Anemonen wie die Zylinderrosen und die Erdbeeranemonen so ihre Beute anlocken. Ganz neu ist diese Idee übrigens nicht, AnglerInnen sind sich dessen schon länger bewusst und setzen für den Fang bestimmter Fischarten fluoreszierende Köder ein.

Um das Rumgeleuchte unter Wasser und seinen Sinn besser zu verstehen, haben sich ForscherInnen in den letzten Jahren ausgiebig mit zwei Katzenhaien, dem Schwellhai (*Cephaloscyllium ventriosum*) und dem Kettenkatzenhai (*Scyliorhinus retifer*) beschäftigt, denn die sind regelrechte Fluoreszenzbomben und wären bei jedem Rave gern gesehene Gäste. Der Kettenkatzenhai wird auch Netzkatzenhai genannt - wegen seines prächtigen netzartigen dunklen Musters, das über dem ganzen hellbeigen Köper verteilt ist. Er ist im Atlantik entlang der gesamten Ostküste der USA und Zentralamerika bis nach Nicaragua zu Hause und mag gern kühleres Wasser, daher hält er sich in Tiefen von 30 bis 550 Metern auf. Der Schwellhai hingegen ist genau auf der anderen Seite Nordamerikas im Pazifik unterwegs, zwischen Kalifornien und Südmexiko, auf Tiefen zwischen 5 und 450 Metern. Auch er trägt ein dunkles Muster auf seiner Haut, es ist jedoch nicht so markant wie das des Kettenkatzenhais. Er verdankt seinen Namen einem anderen Merkmal, seiner ungewöhnlichen Verteidigungsstrategie. In die Ecke getrieben, schluckt er rasend schnell Wasser, und zwar so viel, dass sein Bauch dick und rund anschwillt. Dazu dreht er sich u-förmig ein und ist so für seine Feinde sprichwörtlich schwer zu schlucken.

Als WissenschaftlerInnen die Fluoreszenzeigenschaften dieser beiden Haiarten untersuchten, fiel auf, dass die hellen Stellen der Haut stärker fluoreszieren als die dunklen Muster, die nur leicht schim-

Ein angeschwollener Schwellhai. Schwellhaie schlucken Wasser, um sich vor Fressfeinden zu schützen. Sie werden um die 100 Zentimeter lang.

mern. Der Schwellhai hat zudem noch ein Muster aus intensiv grün fluoreszierenden runden Flecken, die bei Tageslicht aber kaum auffallen. Beim Kettenkatzenhai ist eine weitere Besonderheit, dass die Weibchen eine verstärkte Musterung am Bauch aufweisen, die durch die Fluoreszenz noch hervorgehoben wird.

Auch die Augen dieser Haie wurden unter einem Mikroskop, das mit einem Spektralphotometer ausgestattet ist, untersucht. Damit lässt sich auf Proben die Absorption und Reflektion von Wellenlängen messen. Dabei wurde ein Pigment im Auge der Haie entdeckt, das Lichtwellen im Bereich von 440 bis 540 Nanometer absorbiert. Übersetzt bedeutet das: Die Haie können Licht dieser Wellenlänge sehen. Und das ist genau der Wellenlängenbereich, in dem sich ihre eigene blaue bis grüne Fluoreszenz bewegt. Die Augen der Haie besitzen nur Stäbchenzellen. Damit nehmen sie Licht sehr gut wahr und sind perfekt auf schlechte Lichtverhältnisse angepasst, es hat jedoch zur Folge, dass sie farbenblind sind. Das grüne Licht der Fluoreszenz können sie aber durch dieses Pigment trotzdem sehen.

Aufbauend auf diesen Erkenntnissen entstand die Hypothese, dass die Leuchtkraft der Haie dazu dient, sich auch im tiefen Wasser, in das kaum Licht durchdringt, noch gegenseitig erkennen zu können. Um dieser Hypothese nachzugehen und mit dem neu errungenen Wissen über das spezielle Pigment im Auge der Haie, bauten WissenschaftlerInnen eine Haiaugenkamera. Diese war mithilfe von Lang- und Kurzpassfiltern in der Lage, genau wie die Augen der Haie Licht im Spektrum von 440 bis 540 Nanometern wahrzunehmen. Mit dieser Kamera fotografierten sie einen Schwellhai in seiner natürlichen Umgebung einmal aus der Menschen- und einmal aus der Haiperspektive. Auf dem Foto ohne Filter, also in der Menschenperspektive, verschmilzt der Hai mit seiner braun-beigen Musterung mit dem Hintergrund und ist kaum zu erkennen. Auf dem Foto der Haiaugenkamera ist er dank seiner Fluoreszenz, die den Kontrast seiner Musterung erhöht, deutlich zu sehen.

Im nächsten Schritt dieser Studie wurde die Haut der Haie genauer untersucht. Haie gehören zu den Knorpelfischen und unterscheiden sich unter anderem durch ihre Haut von Knochenfischen. Sie sind mit winzigen Placoidschuppen übersät, die auch Hautzähnchen genannt werden, da sie in ihrem strukturellen Aufbau und ihren Bestandteilen Zähnen ähneln. Die Hautzähne sind hydrodynamisch geformt, sodass sie den Widerstand des Wassers beim Schwimmen minimieren. So ist die Haihaut wunderbar glatt, streicht man dem Hai aber gegen die Schwimmrichtung, also vom Schwanz zum Kopf, über den Körper, hat sie eine schmirgelpapierähnliche Haptik. Daher hinterlässt sie, wenn man dem Hai mal zu nahe treten muss, beispielsweise um seine Körpergröße zu messen, etliche winzig kleine Kratzer auf der Haut, die wie Schürfwunden aussehen. Wenn man sich an die aufgeschlagenen Knie in der Kindheit erinnert, weiß man, dass die zwar nicht lebensbedrohlich sind, aber definitiv unangenehm. *Shark Rash*, also Hai-Hautausschlag, wie diese Wunden umgangssprachlich genannt werden, ist wie aufgeschlagene Knie unangenehm, kann jucken und sich leicht entzünden, wenn man die Wunden nicht desinfiziert. Fazit: Selbst ohne die Zähne im Maul sind Haie leider zum Kuscheln ungeeignet.

Zurück zum Mikroskop, denn mit dem schauten sich ForscherInnen nun die Haut und Hautzähnchen genauer an. Beim Schwellhai leuchtet nur die Haut, nicht aber die Zähnchen. Diese heben sich deutlich als dunkle Schatten von der grün fluoreszierenden Haut ab. Beim Kettenkatzenhai hingegen strahlen neben der Haut auch die kleinen Zähnchen. Diese bilden einen Art Leuchtkanal, in dem sich das Licht, das von der Haut abgestrahlt wird, bündelt, sodass sie sogar heller leuchten als die sie umgebende Haut. Zwischen den fluoreszierenden Hautzähnchen sitzen aber auch größere Hautzähnchen, die, wie beim Schwellhai, nicht leuchten. Das bedeutet, dass die Fluoreszenz auch hier, wie bei den hell strahlenden runden Flecken des Schwellhais, gezielt eingesetzt wird und sich die Strukturen des Haies evolutionstechnisch daran angepasst haben. Das bestärkt die Annahme, dass das Leuchten durchaus eine wichtige Aufgabe übernimmt. Eine weitere große Überraschung war die Entdeckung, dass nicht Proteine, sondern ganz neuartige Metabolite für die Fluoreszenz verantwortlich sein müssen.

Metabolite sind Zwischenprodukte von Stoffwechselwegen. In diesem Fall geht es um den Tryptophan-Kynurenin-Stoffwechselweg. Dabei wird die Aminosäure Tryptophan mithilfe von Enzymen über mehrere Schritte, bei denen Kynurenine-Metabolite entstehen, zu dem Vitamin Nicotinsäure umgebaut. Dieser Stoffwechselweg spielt beim Menschen eine wichtige Rolle für das Gehirn und das Immunsystem. Störungen führen zu Krankheiten wie Diabetes, Entzündungen und Depressionen. Beispielsweise kann bei gestörtem Stoffwechselweg vermehrt Kynurenin-Säure gebildet werden, welche die Andockung der Neutransmitter Glutamat und Dopamin an Rezeptoren der Neuronen verhindert. Das kann weitreichende gesundheitliche Folgen haben, von Konzentrationsstörung und Antriebslosigkeit bis hin zu motorischen Störungen. Die Kynurenine-Metaboliten der Haie sind allerdings etwas anders aufgebaut als unsere, da sie noch ein Bromatom angeheftet haben und im Gegensatz zu den menschlichen Metaboliten fluoreszieren. Während Quallen und Korallen Proteine für ihre Fluoreszenz nutzen, haben die Haie mit den fluoreszierenden Metaboliten eine ganz andere Strategie entwickelt.

Katzenhaie, ihrem Namen treu, liegen meist faul am Boden herum und verstecken sich oft in Höhlen und Spalten. Durch die wenige Bewegung und den dichten Kontakt zum Boden sind sie theoretisch sehr angreifbar für Algen- und Bakterienbewuchs. Dass sie praktisch aber nicht davon befallen sind, führen WissenschaftlerInnen auf die neu entdeckten Metabolite zurück. In Tests konnten sie beweisen, dass diese Moleküle tatsächlich eine antimikrobielle Eigenschaft besitzen. Die Studien an den Katzenhaien haben noch mal verdeutlicht, dass das Rumgeleuchte keine Laune der Natur darstellt, sondern diverse Funktionen übernehmen kann.

Wer oder was alles unter Wasser fluoreszieren kann, ist auch heute noch nicht vollständig aufge-

Oben: Ein fluoreszierender Kettenkatzenhai. Sie werden nur um die 50 Zentimeter lang. Unten: Nahansicht fluoreszierender Placoidschuppen. Die kleinen Schuppen bilden Leuchtkanäle, um die Fluoreszenz der Haut zu bündeln. Die großen Schuppen tun dies nicht und heben sich als schwarze Schatten von der leuchtenden Haut ab.

klärt. Erst vor Kurzem wurde per Zufall herausgefunden, dass auch Meeresschildkröten, und zwar die Echten sowie die Unechten Karettschildkröten, auf ihrem Panzer und auf Teilen der Haut grün fluoreszieren. Der südafrikanische Meeresbiologe Mike Markovina war einer derjenigen, die fasziniert waren von der unbekannten Leuchtwelt im Ozean. Zusammen mit Jacques Vieira und seinem Team vom *Fluorescent Shark Project South Africa* bastelten sie sich eine dicke Blaulichtlampe und bestrahlten die Riffe vor Mosambik, die Kelpwälder der südafrikanischen Küste und sprangen sogar nachts in die Becken des *Two Oceans Aquarium* in Kapstadt. Trotz Vorwissen waren auch sie überrascht von der immensen Leuchtvielfalt, die sie dort vorfanden. Sie waren beindruckt von dem nahezu blendenden Grün, in dem die Muränen erstrahlten, die sich an ihnen vorbeischlängelten. Sie sahen einen Tintenfisch der Gruppe Sepia, erleuchtet in strahlendem Blau mit knallgelb fluoreszierenden Augen. Am faszinierendsten war allerdings, dass er in der Lage war, gelb fluoreszierende Wellen über seinen Körper zu schicken. Eine kontrollierte Fluoreszenz also. Sie beobachteten eine grün-gelb leuchtende Gebänderte Scherengarnele, die plötzlich eine Wolke aus orangem fluoreszierenden Zeug ausspuckte. Ich schreibe »Zeug«, da niemand eine Ahnung hat, was es ist und warum sie das tut. Nicht nur in tropischen Riffen leuchtete es aus allen Ecken, auch der Kelpwald konnte sich sehen lassen. Der Kelp erstrahlte aufgrund seines Chlorophylls in einem satten dunklen Rot und wirkte wie ein mystischer Zauberwald. Auf vielen Fischen waren Muster in einem identischen Rotton zu finden. Auch andere KelpwaldbewohnerInnen erstrahlten in den unterschiedlichsten Farben. Hummer, Seepferdchen, Pfeifenfische, Krebse, selbst Pinguine leuchteten an Stellen ihres

Schnabels und an manchen Teilen ihres weißen Gefieders. Der tatsächliche Fokus dieses Teams lag darauf, die Fluoreszenzeigenschaften von Haien genauer in Augenschein zu nehmen. Dafür guckten sie sich die endemischen, also ausschließlich vor der südafrikanischen Küste zu findenden Katzenhaie der Gattung Scheuhaie an. Volltreffer: Der Puffotter-Katzenhai leuchtet grellgrün und der Dunkle Katzenhai ebenfalls, nur etwas weniger intensiv. Sie fluoreszieren vor allem am Bauch so stark, dass es wie eine prollige Unterbodenbeleuchtung wirkt, wenn sie über dem Sand schwimmen. Scheuhaie tragen übrigens diesen sehr passenden Namen, da sie sich zu einem Donut zusammenrollen und ihre Augen mit dem Schwanz bedecken, wenn sie Angst bekommen. Damit belegen sie unbestritten den ersten Platz auf meiner Liste der niedlichsten Haie.

Oben: Der Dunkle Katzenhai. Unten: Puffotter-Katzenhai zu einem Donut eingerollt. Beide Arten werden um die 60 Zentimeter lang. Die Gattung der Scheuhaie ist nur vor der Küste Südafrikas zu finden.

Oben: Der Pyjamahai, auch Gestreifter Katzenhai genannt, wird um die 95 Zentimeter lang. Unten: Der Leopard-Katzenhai ist etwas kleiner mit maximal 74 Zentimetern in Länge. Auch sie sind ausschließlich vor der Küste Südafrikas zu finden.

Wider Erwarten fluoreszierten zwei andere endemische Katzenhaiarten, der Gestreifte Pyjamahai und der wunderschön gefleckte Leopard-Katzenhai überhaupt nicht. Ein toter, eingefrorener Grauer Glatthai leuchtete hingegen, und beim Schwarzspitzen-Riffhai wurden fluoreszierende Stellen an den Flossen entdeckt.

Diese Haie gehören alle zu Familien bodenbewohnender Arten. Aber wie sieht es mit den im offenen Wasser herumschwimmenden Tieren, den sogenannten pelagischen Haien, aus? Leider konnten die bisher noch nicht untersucht werden, denn das Fluo-Tauchen hat seine Herausforderungen.

Zum einen muss man natürlich nachts tauchen, was deutlich anspruchsvoller ist als tagsüber, da man eine sehr eingeschränkte Sicht hat und nur sehen kann, worauf der Schein der Taschenlampe fällt. Da könnten rechts neben einem die Haie Schach spielen, und man bekommt nix davon mit, weil man gerade links leuchtet. Die Lampen des blauen Lichts haben in der Regel einen schmalen Lichtkegel. Das macht es nicht gerade einfach, agile Tiere wie pelagische Haie zu erwischen. Zum anderen fühlen sich kleine Würmchen durch das blaue Licht extrem angezogen, die den TaucherInnen in die Ohren und sogar bis in ihre Tauchmasken krochen. Auch Sardinen scheinen ein Faible für das blaue Licht zu haben und schossen auf die TaucherInnen zu. Einen Sardinenschwarm gegen den Kopf zu bekommen, steht in der Regel nicht auf der Wunschliste eines Tauchers, da hilft leider nur eins: Licht aus. Mike Markovina forscht auch weiterhin zu Biofluoreszenz. Aber abgesehen davon, wer im Meer leuchtet, interessiert ihn viel mehr, wer dieses Licht überhaupt sehen kann. Oder besser gesagt, welche Haie es sehen können und wie man dieses Wissen am besten einsetzt, um sie vor Überfischung und weiterer Gefährdung zu schützen. Seine Idee: ein fluoreszierendes Fischernetz. So könnten es die Haie sehen und umschwimmen, während die Fische, die eigentlich gefangen werden sollen, weiterhin ins

Netz gehen. So könnte man Unmengen an sonst als Beifang endenden Haien retten.

All diese und noch mehr Hypothesen bezüglich der kommunikativen, jagenden und tarnenden Funktion von Fluoreszenz im Meer müssen durch zusätzliche Studien noch weiter bewiesen werden. Aber wenn man darüber genauer nachdenkt, macht es durchaus Sinn, dass Fluoreszenz nicht nur eine zufällige Eigenschaft ist, sondern eine Funktion erfüllt. Denn die Farben von bunten Riffen und Fischen, die wir in den ganzen tollen Tierdokumentationen sehen, sind eigentlich nicht wirklich echt. Wenn sie nicht bei strahlendem Sonnenschein in ein paar Zentimetern Tiefe auf dem Riffdach aufgenommen worden sind, entstehen diese Bilder mithilfe von leistungsstarken Tauchlampen. Erst diese lassen die Riffe in bunten Farben erstrahlen, ansonsten ist da unten alles ziemlich grünblau. Denn es ist einfach so: Wasser, zumindest klares, ist nun mal blau. Das liegt daran, dass Wasser Licht absorbiert, daher ist es schwer für die Lichtwellen, tief ins Meer zu gelangen. Aber je mehr Kraft, also Energie, die Lichtwellen haben, desto tiefer dringen sie durch. So bleibt das energiearme rote Licht am frühsten, also schon im flachen Wasser auf der Strecke. In wenigen Metern Tiefe ist ein knalliges Rot nur noch ein dunkles Braun. Blau hingegen hat eine hohe Energie und dringt somit viel tiefer in Wasser ein. So umhüllt einen nur noch ein tiefes Blau, wenn man in das klare Wasser des Meeres hinabgleitet, bevor es ganz dunkel wird. Hier kommen nun wieder die Fluoreszenz-Proteine und -Moleküle ins Spiel, die ja genau solch energiereiches blaues Licht nutzen, um andersfarbiges Licht zu erzeugen. Dank Fluoreszenz können die Tiere also andere Farben wie Rot in das eintönige Blau ihrer Welt bringen und zudem Kontraste erhöhen. Sie eröffnet ihnen ganz neue Möglichkeiten und damit auch uns, denn fluoreszierende Moleküle sind auch weiterhin spannend für die Biotechnologie. Vor allem die neu entdeckten Fluoreszenzmoleküle der Haie könnten neue Möglichkeiten für zellbiologische Anwendungen bedeuten, aber sie könnten auch auf ganz anderen Anwendungsgebieten nützlich sein.

Fouling, so nennt man den Bewuchs von Algen, Seepocken, Schnecken und Ähnlichem, der sich an Schiffsrümpfen oder an in Wasser gebauten Anlagen absetzt, ist ein großes Problem für die Industrie. Viele Mittel dagegen wurden mittlerweile verboten, da sie zu giftig sind und die Umwelt schädigen. Daher ist man stetig auf der Suche nach neuen umweltschonenden Alternativen. Es hat sich zum Beispiel gezeigt, dass sich die Fluoreszenzproteine der Korallen als natürliches Mittel gegen Algenwuchs eignen und genau dort Anwendung finden könnten. Aufgrund von steigenden Antibiotikaresistenzen ist die Medizin immer auf der Suche nach Alternativen, und die antibakteriellen Eigenschaften der Haifluoreszenzmoleküle könnten von enormer Bedeutung sein. Aber eins ist klar: Außer reinem Wissen und der Faszination an der bunten Farbenwelt des psychedelischen Ozeans beherbergt dieses Thema auch großes Potenzial für innovative Ideen und Anwendungsmöglichkeiten. Hoffen wir mal, dass es diesmal nicht 30 Jahre dauert wie beim GFP.

Uralte Geschöpfe

Alter ist ein Thema, das uns Menschen ziemlich stark beschäftigt. Denn alt werden möchte so gut wie niemand. Wir wollen nicht nur unsere jugendliche Schönheit und Attraktivität, sondern auch unsere Fitness und Gesundheit behalten. Älter aussehen als man ist, will man eigentlich nur, wenn man unter 18 ist und versucht, sich älter zu schminken oder mit dem Ausweis der älteren Geschwister am Türsteher vorbei in den Club oder ins Kino zu kommen. Funktioniert manchmal, manchmal eben auch nicht. Liegt es daran, dass der Türsteher einfach ein Auge zudrückt und dich reinlässt, oder konntest du ihn wirklich austricksen? Jeder, der schon mal Ausweise kontrollieren musste, kennt das: Das Alter einzuschätzen, ist wirklich gar nicht so einfach. Ich will nicht wissen, wie viele Minderjährige ich ungewollt bei der Kinoeinlasskontrolle in Splatterfilme gelassen habe. Da ist es vielleicht nicht weiter verwunderlich, dass auch WissenschaftlerInnen Probleme haben, das Alter von Tieren zu schätzen, und da schon auch mal voll danebenliegen können. Ein schönes Beispiel dafür ist das Alter von Haien und Rochen. Da hatte man sich wirklich gründlich verschätzt.

Die klassische Methode, das Alter von Haien zu bestimmen, ist, ähnlich wie bei Bäumen, das Zählen der Wachstumsringe in den Wirbelkörpern der Wirbelsäule. Das funktioniert leider nur so lala, da sich diese Wachstumsringe mit steigendem Alter nicht mehr zuverlässig bilden oder verwachsen und so nicht mehr gut auseinanderzuhalten sind. Eine verbesserte Methode der Wachstumsringzählung ist, die Tiere vorher mit einem fluoreszierenden Farbstoff zu markieren. Dafür wird ihnen der Farbstoff ins Muskelgewebe gespritzt, der sich im Knorpelgewebe anlagert und so den Zeitpunkt in der Wirbelsäule sichtbar macht, zu dem die Spritze gesetzt wurde. Wenn der markierte Hai nach einiger Zeit, beispielsweise nach fünf Jahren, wieder gefangen wird, kann man nun in den Wachstumsringen seiner Wirbelsäule genau sehen, wann er markiert wurde, und weiß, der Zuwachs seitdem spiegelt fünf Jahre wider. Dieses Wissen kann man dann auf die anderen Wachstumsringe übertragen und so das Alter errechnen. Nun stellte sich allerdings dank der Bomb-Pulse-Methode in den letzten Jahren heraus, dass das Alter der Tiere drastisch unterschätzt wurde.

Von der Radiokarbonmethode zur Altersbestimmung haben die meisten wahrscheinlich schon mal gehört. Das radioaktive Kohlenstoffisotop ^{14}C ist in geringen Mengen, etwa $1:10^{12}$ im Vergleich mit ^{12}C, in unserer Atmosphäre vorhanden. Es entsteht auf natürlichem Weg, wenn kosmische Strahlung mit Stickstoffatomen kollidiert. Pflanzen nehmen über Photosynthese CO_2 aus der Atmosphäre auf, das in geringen Mengen auch ^{14}C enthält. Die Pflanzen wiederum werden dann von anderen Lebewesen gefressen, die wiederum von anderen Lebewesen gefressen werden und so weiter …

Daher enthält jede kohlenstoffhaltige Substanz der Erde auch geringe Mengen von ^{14}C. Wenn nun beispielsweise ein Mensch stirbt, nimmt er keine weitere Nahrung und dementsprechend kein ^{14}C mehr auf. Da ^{14}C radioaktiv ist, was nichts anderes bedeutet als instabil, fangen die Atome langsam an zu zerfallen. ^{14}C hat eine Halbwertszeit von ungefähr 5730 Jahren. So lang dauert es, bis die Hälfte der ^{14}C-Atome zerfallen sind. Dann dauert es weitere 5730 Jahre, bis die Hälfte der Restatome zerfallen sind, und so geht das dann weiter, bis nach ungefähr 50 000 Jahren so gut wie kein ^{14}C mehr vorhanden ist.

Hat man es nun mit einem gut erhaltenen Fund wie der Mumie von Ötzi zu tun, können WissenschaftlerInnen anhand der ^{14}C-Konzentration im Gewebe auf ein paar Hundert Jahre genau zurückrechnen, wann der Mensch gelebt hat, im Fall des Steinzeitmenschen Ötzi vor etwa 5200 Jahren. Das ist eine tolle Methode, die aber nur bei sehr alten Fundstücken funktioniert und nicht anwendbar ist, um die im Vergleich kurze Lebensdauer von Tieren zu bestimmen. Die Bomb-Pulse-Methode, auf Deutsch auch Bombenpeak-Stoppuhr genannt, ist eine abgewandelte Form der Radiokarbonmethode und kann genau dafür verwendet werden. Diese Methode haben wir bizarrerweise dem Kalten Krieg zu verdanken. Als die USA und die Sowjetunion in den 1950er- und 1960er-Jahren über 500 überirdische Atombombentests durchführten, verdoppelte sich die Konzentration an radioaktivem ^{14}C in der Atmosphäre. Über die Zeit sank die Konzentration dann stetig, sodass jedes Jahr seit diesem Zeitpunkt eine einzigartige ^{14}C Konzentration aufweist. Wenn man nun Strukturen in einem Organismus betrachtet, die sich nur einmal am Anfang des Lebens bilden, Zähne eignen sich da beispielsweise sehr gut, kann man anhand der ^{14}C-Konzentration in diesen Strukturen das Entstehungsjahr ablesen und so auf das Alter schließen.

Die Bomb-Pulse-Methode war zu Beginn der 2000er-Jahre eine Revolution. Mit ihrer Hilfe konnte man zeigen, dass Gehirnzellen sich nicht erneuern, Fettzellen wider Erwarten jedoch schon. Auch forensisch fand sie Bedeutung, denn man kann damit das Geburtsjahr von Verstorbenen bestimmen – dies spielte eine große Rolle bei der Identifikation der zahlreichen Opfer des verheerenden Tsunamis im Indischen Ozean 2004. Die Methode ist aber eben auch extrem hilfreich für die schwierige Altersbestimmung von Fischen, Haien und Rochen.

Als mithilfe dieser Methode zum ersten Mal Haialtersbestimmungen validiert wurden, kam ans Licht, dass die meisten Haiarten viel älter werden als gedacht. Das Zählen der Wachstumsringe funktioniert zwar ganz gut im ersten Drittel des Lebensabschnitts der Tiere, danach ist sie jedoch unzuverlässig, und zwar so sehr, dass sich die geschätzte Lebenszeit einiger Arten gar verdoppelte. Im Schnitt wurden 30 Prozent der 29 untersuchten Haiarten 18 Jahre zu jung geschätzt. Beispielsweise stieg die geschätzte Lebenserwartung des Weißen Haies von 40 auf über 70 Jahre. Was ihn zu einem der langlebigsten Knorpelfische der Erde macht.

Dank der Bomb-Pulse-Methode entdeckten ForscherInnen auch das bis heute älteste Wirbeltier der Welt: den Grönlandhai (*Somniosus microcephalus*).

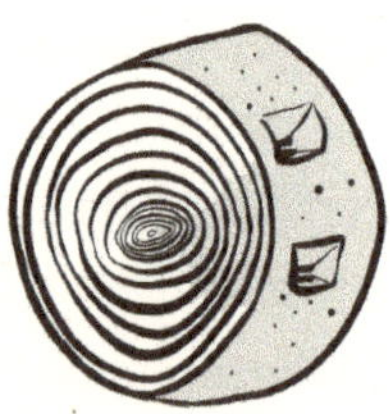

Wirbel eines Haies mit Jahresringen. Die Wachstumsringe sind oft mit dem bloßen Auge schwer zu erkennen, daher werden Tomografie- oder Röntgenaufnahmen genutzt, um Wachstumsringe sichtbarer zu machen.

Ein sehr gemächlicher Hai, der mit einer Geschwindigkeit von einem Kilometer pro Stunde durch den Nordatlantik treibt. Man ging schon länger davon aus, dass diese Art sehr alt wird, da Grönlandhaie bis zu fünf Meter lang werden und pro Jahr nur maximal einen Zentimeter wachsen. Leider kann man ihre Wachstumsringe nicht zählen, da sich bei ihnen kein kalzifizierendes Gewebe um die Wirbelsäule legt und Wachstumsringe bildet.

Stattdessen wurden die Linsenkerne seiner Augen untersucht, da diese sich schon im Embryonalstadium bilden und so den ^{14}C-Fingerabdruck des Geburtsjahres des Tiers in sich tragen. Mehrere verschieden große Exemplare, die Fischern als Beifang ins Netz gegangen waren, wurden mit der Radiokarbonmethode untersucht. Die Bomb-Pulse-Methode konnte hier nur bei den jüngeren Tieren angewendet werden, denn der ^{14}C-Peak, nach dem man dabei Ausschau hält, ist nur in Tieren zu finden die nach 1950 geboren sind. Und tatsächlich: Das Alter korreliert mit der Körperlänge der Tiere. Das bedeutet, das mit 5,02 Metern Länge größte Exemplar der Studie muss zwischen 272 und 512 Jahre alt gewesen sein. Was für ein beindruckendes Alter! Trotz der großen Altersspanne, die die Radiokarbonmethode hier ermittelte, macht ihn selbst das Minimum-Alter zum ältesten Wirbeltier der Welt. Stellt euch vor: Dieser Hai war schon am Leben, da hatte in Frankreich noch niemand überhaupt an Revolution gedacht. Vielleicht schwamm er schon gemächlich durch die kalten Gewässer des Nordens, während in Europa noch der Dreißigjährige Krieg tobte.

Diese enorme Lebensdauer bedeutet aber auch, dass die Tiere erst mit ungefähr 150 Jahren geschlechtsreif werden und sich fortpflanzen können. Das macht sie natürlich sehr anfällig für Überfischung. In früheren Zeiten waren sie für ihr Haifischleberöl begehrt. Seit den 1960er-Jahren werden sie zwar nicht mehr gezielt gejagt, landen aber noch oft als Beifang in Fischernetzen. Was das genau für ihre Population bedeutet, ist unklar, da wir nicht wissen, wie viele Grönlandhaie da draußen überhaupt herumschwimmen.

Für ein gutes Fischereimanagement und nachhaltigen Fischfang ist die korrekte Altersbestimmung bei Fischen und Haien sehr wichtig, da mit ihrer Hilfe die Produktivität von Fischpopulationen geschätzt wird. Fehler in der Altersbestimmung können dazu führen, dass Populationen zu stark beansprucht werden und mit dem Kinderkriegen gar nicht mehr hinterherkommen, bis sie auf der Liste der gefährdeten Arten landen. Ein klassisches Beispiel dafür ist der in der Tiefsee lebende Granatbarsch (*Hoplostethus atlanticus*), der seit Ende der 1970er-Jahre intensiv befischt wurde. Damals ging man von einer Lebenserwartung von etwa 30 Jahren

Grönlandhaie leben im Nordatlantik und Nordpolarmeer von der Oberfläche bis in 1800 Meter Tiefe. Sie ernähren sich von Fisch, aber auch von Säugetieren wie Robben. Das Gewebe dieser Haie beinhaltet eine hohe Konzentration an Trimethylaminoxid, eine chemische Verbindung, die wie ein Frostschutzmittel wirkt und bei der Auftriebsregulierung sowie der Druckregulierung in der Tiefsee hilft. Fast alle Tiere tragen Ruderfußkrebs-Parasiten (Ommatokoita elongata) *im Auge, die wie ein Bommel dort festhängen und sich von der Horn- und Bindehaut ernähren. Das beinträchtigt die Haie zwar in ihrer Sicht, sie scheinen das aber mit ihren anderen Sinnen wie einem stark ausgeprägten Geruchssinn auszugleichen.*

aus. Damit hatte man sich aber extrem getäuscht, Mitte der 1990er-Jahre wurde klar: Die Lebenserwartung des Granatbarschs liegt eher bei 150 Jahren, und die Tiere brauchen wahrscheinlich mehr als 20 Jahre, um geschlechtsreif zu werden. Diese Fehleinschätzung und Überfischung führten fast zum Zusammenbruch der Populationen vor Australien und Neuseeland, sodass die jeweiligen Regierungen die Reißleine zogen und das Fischen dieser Art 2008 komplett verboten. Mittlerweile hat sich der Bestand erholt und darf dort wieder befischt werden, der neuseeländische Granatbarsch trägt sogar das MSC-Siegel für Nachhaltige Fischerei. Ob das gerechtfertigt ist, wird von NGOs wie dem WWF und Greenpeace jedoch stark bezweifelt.

Die Bomb-Pulse-Methode hat die Forschung nicht nur in den Meereswissenschaften weitergebracht. Sie wird allerdings auf Lebewesen, die nach 2030 geboren werden, wahrscheinlich nicht mehr anwendbar sein, da die ^{14}C-Konzentration in der Atmosphäre dann wieder auf den Wert vor den 1950er-Jahren zurückgefallen sein wird. Ein anderer Nachteil ist, dass die Tiere bei dieser ebenso wie bei der Wachstumsringmethode getötet werden müssen, um ihr Alter zu bestimmen. Das gilt es natürlich prinzipiell zu vermeiden, wenn man die Altersdynamik einer Population untersuchen möchte.

Daher ist es wichtig, mehr mit Tagging-Methoden zu arbeiten. Hierbei werden Haie gefangen, gemessen, gewogen und mit einer kleinen nummerierten Plastikmarkierung ausgestattet, bevor man sie wieder freilässt. Die Markierung ermöglicht es, das Wachstum der Haie über Jahre hinweg zu verfolgen. Diese Methode ist natürlich recht aufwendig, kostet viel Zeit, Geduld und auch etwas Glück, um die markierten Haie wieder einzufangen. Aber sie kostet keine Leben. Mit den bereits gewonnenen Daten zum Haialter sollte es möglich sein, den Zusammenhang von Alter und Wachstum besser zu verstehen und so anhand der Größe eines Tieres Rückschlüsse auf sein Alter ziehen zu können.

Im kalten Wasser des Nordpolarmeers tummeln sich noch mehr dieser alten Geschöpfe. Die Islandmuscheln *(Arctica islandica)* sind bekannt dafür, dass eine Lebensdauer von 200 Jahren für sie nicht unüblich ist. Doch selbst bei derartigen Zahlen war die Überraschung groß, als bei einer Expedition vor Island ein 507 Jahre altes Tier entdeckt wurde. Geburtsjahr 1499 – da könnte sogar Amerigo Vespucci, der erste Europäer, der offiziell Amerika erreichte und nach dem der Kontinent benannt ist, noch über sie hinweggesegelt sein, wenn er sich nördlicher rumgetrieben hätte.

Das Alter der Muschel lässt sich dank der Jahresringe auf ihrer Schale sehr genau und zuverlässig bestimmen, deshalb ist diese Muschel momentan als ältestes Tier der Welt im Guinnessbuch der Rekorde vermerkt. Beim Grönlandhai ist die Schätzspanne zu groß, deshalb hat er den Rekord der Muschel nicht

Die Islandmuscheln (Arctica islandica) *mögen zwar unscheinbar wirken, aber eine von ihnen hat es mit 507 Lebensjahren ins Guinnessbuch der Rekorde geschafft.*

gebrochen. Ohne zu ahnen, was für einen Fund sie da vor sich hatten, fror das Expeditionsteam die Muschel nach dem Einsammeln direkt ein. Das hat sie leider nicht überlebt, wer weiß, vielleicht wäre sie auch noch viel älter geworden.

Schwämme kennen die meisten eher als Plastikanfertigung für das Spülbecken oder die Badewanne. Die Lebewesen, die diesen Schwämmen als Modell dienten, sind hauptsächlich im Meer anzutreffen. Sie haben sich vor circa 800 Millionen Jahren entwickelt und sich seitdem kaum verändert. Als simpel aufgebaute Tiere besitzen sie keine Organe, Nerven- oder Muskelzellen. Sie wachsen fest verankert am Boden und haben oft Ähnlichkeit mit einer dickbauchigen Vase. Ihre Köperwand ist übersät mit kleinen Poren. Durch die filtern sie Wasser von außen nach innen und ernähren sich dabei von winzigem Plankton. Stabilisiert wird ihre Form von einem Skelett aus dicht gewebten kleinen Nadeln. Diese bestehen entweder aus Kalk oder aus Siliciumdioxid (früher als Kieselerde bekannt). Der Glasschwamm *Monorhaphis chuni*, der in der Tiefsee zu finden ist, kann bis zu drei Meter hoch werden. Sein Skelett besteht aus einer einzelnen langen, nur an die zehn Millimeter dünnen Nadel, die er im weichen Tiefseeboden verankert und mit der er in die Höhe wächst. Wenn man einen Querschnitt dieser Nadel nimmt, sieht man auch hier wieder eine jahresringähnliche Struktur, die aber leider nicht Jahreszahlen entsprechen. Um das Alter des Schwammes zu entschlüsseln, kann also nicht gezählt werden, sondern die WissenschaftlerInnen müssen sich wieder Isotopen widmen. Da Siciliumdioxid (SiO_2) nur aus Silicium und Sauerstoff besteht, funktioniert auch eine kohlenstoffabhängige Methode wie die Radiokarbonmethode nicht. Wie gut, dass es auch Sauerstoffisotope wie das ^{18}O gibt. Mit über 99 Prozent Anteil ist ^{16}O das häufigste Sauerstoffisotop in der Atmosphäre und damit auch im Wasser, aber ein geringer Anteil besteht aus ^{18}O-Isotopen. Der Anteil von ^{18}O im Wasser hängt mit der Temperatur des Wassers zusammen, deshalb kann man von ihm auf die Wassertemperatur schließen. Nun ist es so, dass die Wassertemperatur in der Tiefsee nicht sehr stark schwankt und über längere Zeit stabil bleibt. Heute liegt sie bei 4 °C. Der ^{18}O-Anteil im ältesten Skelettteil des untersuchten Schwammes verriet, dass er zu einer Zeit gewachsen sein musste, zu der die Wassertemperatur, die ihn umgab, ungefähr 2 °C betrug. Die Temperatur der Tiefsee im Ostchinesischen Meer, wo der Schwamm lebte, betrug zum Ende der letzten Eiszeit vor ungefähr 15 000 Jahren 2 °C. Das Alter des Schwammes konnte somit auf 8000 bis 14 000 Jahre datiert werden.

In einer weiteren Studie aus dem Jahr 2017 wurde sogar ein Exemplar gefunden, das zwischen 17 000 und 18 000 Jahren alt war. Da gleicht die Lebensdauer des Grönlandhais fast einer Eintagsfliege.

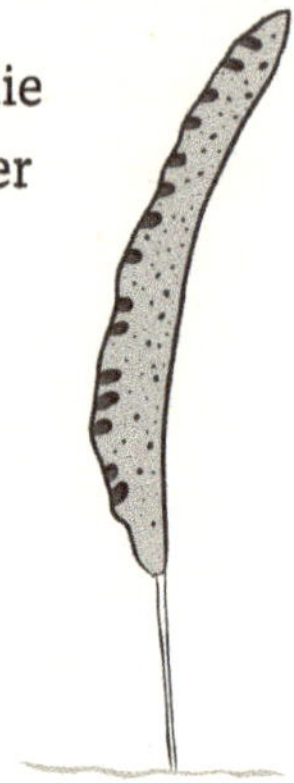

Glasschwämme der Art Monorhaphis chuni *leben in einer Tiefe von 1000 bis 2000 Metern. Sie wachsen sehr langsam, ihr Skelett, eine lange Nadel, verdickt etwa 140 Mikrometer alle 1000 Jahre.*

Und falls ihr jetzt schon beeindruckt seid: Es kommt noch besser. WissenschaftlerInnen fanden nämlich Erstaunliches in Sedimentbohrkernen aus dem Meeresgrund des Südpazifischen Wirbels. Diese Region zwischen Australien und Südamerika ist als lebensfeindliche Wasserwüste bekannt. Durch das Fehlen von Staubeintrag oder aufsteigendem Tiefenwasser, das Nährstoffe und Mineralien an die Oberfläche tragen könnte, herrscht dort, was Plankton betrifft, relativ tote Hose. Und ohne Plankton ist eben sonst auch nicht viel los. Dafür ist das Wasser außerordentlich klar und atemberaubend blau, was natürlich einem hungrigen Fisch nicht hilft, aber für WissenschaftlerInnen ist es nett anzusehen. Prinzipiell ist das Sediment des Meeresbodens sehr reich an Mikroorganismen. So reich, dass dort bis zu 45 Prozent der weltweiten mikrobiellen Biomasse zu finden ist. Die Mikroorganismen leben aber nicht nur auf dem Boden, sondern sogar bis in tiefe Schichten davon. Die sogenannte Tiefe Biosphäre ist noch gar nicht so lange bekannt, erst Mitte der 1980er-Jahre realisierte man bei Bohrungen für Endlageruntersuchungen, dass sich tief in der Erdkruste Mikroorganismen verschanzt haben. Mittlerweile wissen wir, dass selbst in 3,5 Kilometer Tiefe noch Leben in der Erdkruste existiert. Wie die Mikroorganismen die extremen Lebensbedingungen und die Nahrungsknappheit aushalten, gehört zu den vielen unbeantworteten Fragen der Wissenschaft. Um genau solchen Fragen näher auf den Grund zu gehen, sammelten WissenschaftlerInnen Bohrkerne aus dem Meeresgrund des Südpazifischen Wirbels. Bis auf 75 Meter Tiefe stießen sie dabei vor. Da sich Partikel in der Tiefsee sehr langsam über die Zeit ablagern und ansammeln, hat sich das Sediment in dieser Tiefe vor 101 Millionen Jahren gebildet. Zu dieser Zeit, mitten in der Kreide, war die ganze Erde noch Dinosaurierland. Die ForscherInnen wollten wissen, ob nach so extrem langer Zeit noch mikrobielles Leben existiert. Und Tatsache, selbst in diesem uralten Sediment gab es Bakterien, die bei einer Inkubation mit Nahrung – in Form von Kohlenstoffverbindungen, Aminosäuren und Ammonium – wieder zu neuem Leben erwachten: Sie stürzten sich nicht nur auf das Festmahl, sondern sie waren sogar in der

Lage, sich zu teilen und damit zu vermehren. Das bedeutet, trotz extremer Nahrungsknappheit konnten sie die Situation durchstehen und wieder »aufwachen«, sobald Futter geboten war.

Eine Möglichkeit, wie die Bakterien es so lange da unten aushalten, könnte ihr extrem verlangsamter Metabolismus sein. Mit einem fast 10 000-mal langsameren Stoffwechsel im Vergleich zu den Verwandten auf der Oberfläche spart man sehr viel Energie. Eine andere mögliche Strategie wäre, dass die Bakterien sogenannte Endosporen gebildet haben. Manche Bakterienarten sind in der Lage, sich bei ungünstigen Lebensbedingungen wie Nahrungsknappheit in Endosporen umzuwandeln. Als Sporen sind sie komplett inaktiv, und die mehrschichtige Sporenhülle schützt sie in ihrem Dornröschenschlaf unter anderem vor extremer Hitze, Kälte, Austrocknung, UV-Strahlung oder extremen pH-Werten. Zum Ärger für uns können das leider auch einige Krankheitserreger wie *Bacillus cereus,* die in Fertigprodukten, die nicht lange genug erhitzt wurden, wieder fröhlich zum Leben erwachen und uns eine Lebensmittelvergiftung bescheren. Allerdings sind viele der Bakterienarten, die im Sediment gefunden wurden, nach unserem Wissen nicht in der Lage, Endosporen zu bilden. Hier könnte also auch ein ganz anderer, noch unbekannter Mechanismus eine Rolle spielen.

Kaltes Wasser, langsamer Metabolismus und Tiefschlaf scheinen alles Grundlagen für ein langes Leben zu sein. Ganz langsam und kalt uralt werden, klingt aber auch etwas langweilig und ungemütlich, darauf hat die winzige Qualle *Turritopsis dohrnii* keine Lust. Sie lebt im warmen Mittelmeer, wo sich auch die Deutschen sehr wohlfühlen, rund um Italien und Mallorca. Frei nach dem Motto »Sterben, total überbewertet!« besitzt sie einen speziellen Mechanismus, der sie nicht nur ewig jung hält, sondern sie schlägt auch noch dem Tod ein Schnippchen und ist biologisch gesehen gar unsterblich. Um zu verstehen, wie das funktioniert, müssen wir uns den Lebenszyklus von Quallen genauer angucken.

Quallen gehören zu den Nesseltieren. Was wir als typische Quallen kennen, also der Schirm mit den langen Tentakeln dran, ist so etwas wie die erwachsene Form der Qualle und wird Meduse genannt. Als Meduse sind Quallen in ihrem sexuellen Lebensstadium, denn sie bilden Gameten, also Geschlechtszellen aus, um sich geschlechtlich fortzupflanzen. Der sexuelle Akt an sich ist recht unspektakulär, in der Regel werden Eier und Spermien einfach ins Wasser abgegeben und dort befruchtet. Daraus entwickeln sich Planulalarven, die auf den Boden sinken und dort zu einem sogenannten Polypen heranwachsen. Die Medusen haben ihren Job erfüllt und sterben nach getaner Arbeit. Der neugeborene Polyp sitzt am Meeresboden und fischt mit seinen Tentakeln Plankton aus dem Wasser. Wenn das Wasser im Frühling wärmer wird, fängt er an mit der asexuellen Fortpflanzung, der sogenannten Strobilation. Das bedeutet, er bildet an seinen Kopf kleine Minimedusen, die sich dann nach einer Zeit abschnüren und davonschwimmen. Nun müssen sie noch etwas wachsen und groß werden, damit sie ihren Zweck der sexuellen Fortpflanzung – in der Natur geht es nun einmal einfach sehr viel um Sex – erfüllen können. Während der Strobilation bildet der Polyp mehrere Medusen, die alle Klone, also genetisch identisch sind. Nachdem die Medusen davongeschwommen sind, stirbt der Polyp aber nicht ab, sondern kann über Jahre hinweg immer wieder neue Quallen produzieren.

Der einzigartige Trick der Qualle *Turritopsis dohrnii* ist, dass ihr Lebenszyklus etwas anders verläuft. Anstatt als Meduse nach der Eier- oder Spermienabgabe zu sterben, verwandelt sie sich wieder zurück in ihre Polypenform. Das wäre in etwa so, wie wenn wir ein Kind bekommen und uns danach selbst wieder in ein Kleinkind verwandeln. Wäre für uns definitiv keine gute Überlebensstrategie, bei der Qualle klappt das allerdings hervorragend. Denn sie wechselt nicht nur ihre äußerliche Gestalt, sondern verjüngt auch gleichzeitig ihre Zellen. Bei diesem Prozess, der Transdifferenzierung genannt wird,

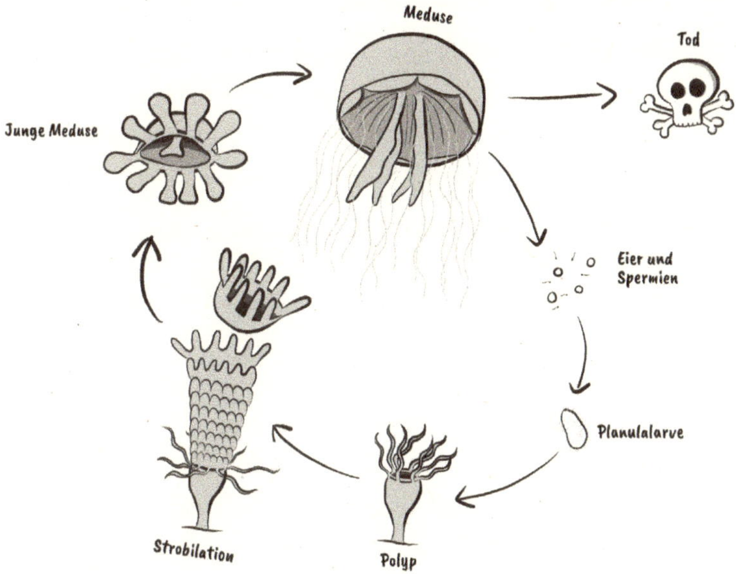

Der Lebenszyklus einer Qualle. Der Polyp bildet Medusen, die sich von ihm abschnüren, das ist die sogenannte Strobilation. Die jungen Medusen wachsen langsam zu dem heran, was wir als Qualle kennen. Die erwachsene Meduse bildet Eier und Spermien und stirbt danach ab. Aus den befruchteten Eiern bildet sich eine Planulalarve, die nach einer Weile auf einen festen Untergrund absinkt und dort zu einem Polypen heranwächst.

wandeln sich spezialisierte Zellen, beispielsweise Nesselzellen, wieder in Stammzellen um, welche sich dann wiederum in alle beliebigen Zellen umbilden können. Diese Rückentwicklung kann die Qualle immer wieder vollziehen. Sie altert also nicht und ist biologisch gesehen unsterblich. Auch wenn sie verletzt ist, Hunger leidet oder die Umweltbedin-

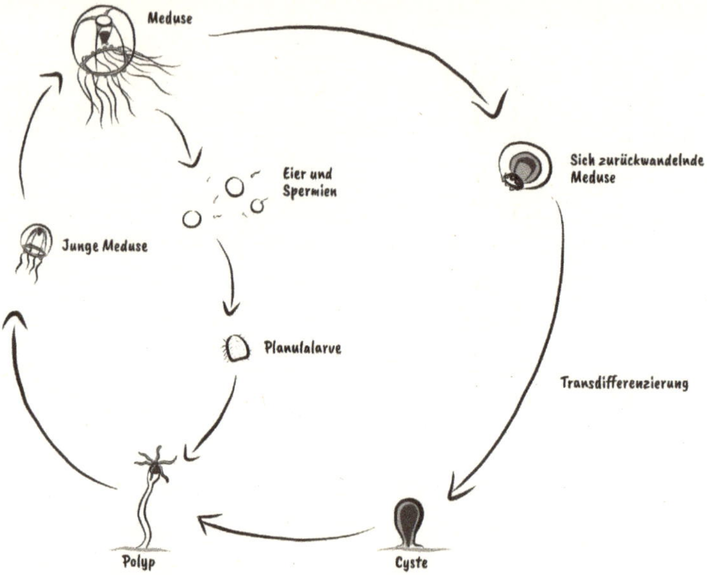

Der unendliche Lebenszyklus der Qualle Turritopsis dohrnii. *Die erwachsene Meduse ist mit nur 0,5 Zentimeter Breite ein winziger Zeitgenosse.*

gungen gerade nicht ihrem Geschmack entsprechen, wird die Uhr zurückgeschraubt, und es ist wieder Polypenstadium angesagt.

Wie alt die älteste dieser Quallen jemals geworden ist, weiß man nicht, aber Alter ist ja nicht die einzige Todesursache, mit der eine Qualle zu kämpfen hat. In der Regel sind es eher die hungrigen Mäuler, die im Meer herumschwimmen, die der Unsterblichkeit entgegenwirken. Ohne sie würde das Meer, randvoll mit glibberigen Quallen, wohl heutzutage einer Götterspeise gleichen.

Dass am Altern oder Nicht-Altern von Tieren geforscht wird, kommt nicht nur aus reiner Neugier oder, um neue Rekorde ins Guinnessbuch eintragen zu können. Tatsächlich hat es auch anderen Nutzen wie die schon beschriebene Planung für nachhaltige Fischerei. Außerdem können diese uralten Geschöpfe wie Muscheln oder Schwämme als Zeitzeugen genutzt werden, um in die Vergangenheit zu schauen und etwas über vergangene Umweltbedingungen zu lernen. Wie haben sich das Klima, die Wassertemperatur und die biochemischen Zusammensetzungen über die Zeit verändert? Antworten auf diese Fragen sind versteckt in ihren Skeletten und Schalen. So helfen sie uns, die Geschichte unseres Planeten besser zu verstehen und Vorhersagen zu treffen über den Klimawandel und seine Konsequenzen.

Aber die Langlebigkeit oder gar Unsterblichkeit der Tiere interessiert ForscherInnen natürlich vor allem auch, um den Heiligen Gral zu finden: Wie können wir unser eigenes Leben verlängern oder zumindest unsere Jugend erhalten?

Dazu muss man erst einmal verstehen, warum wir überhaupt altern, und die Gründe dafür liegen in unseren Zellen. Die Zellalterung hat verschiedene Ursachen: Über unsere Lebenszeit hinweg sind unsere Zellen diversem Stress ausgesetzt. Solcher Stress kann unsere DNS schädigen. Mutationen,

Brüche in der DNS-Doppelhelix oder DNS-Bruchstücke, die an falschen Stellen wieder eingebaut werden, können dadurch ausgelöst werden. Damit dieser ganze Stress nicht zu viel Schaden anrichtet, ist die Zelle mit vielen DNS-Reparaturmechanismen ausgestattet. Die Verkürzung der Telomere bestimmt, wie oft sich eine Zelle teilen kann. Telomere sind DNS-Abschnitte, die wie Schutzkappen auf den Enden unserer Chromosomen sitzen und die bei jeder Zellteilung etwas kürzer werden. Die Länge der Telomere beeinflusst direkt, wie oft sich eine Zelle teilen kann. Dieses Phänomen ist auch als Hayflick-Grenze bekannt, und diese Grenze liegt beim Menschen bei ungefähr 52 Zellteilungen.

Stammzellen haben dieses Teilungslimit nicht – dank des Enzyms Telomerase, das die Telomere immer wieder aufbaut. Klingt erst mal cool, aber eine aktive Telomerase in anderen Zelltypen, also in Zellen, die keine Stammzellen sind, kann zu unkontrolliertem Wachstum und damit zu Krebs führen. Das ist also nicht der gewünschte Jungbrunnen.

Auch Störungen bei der Proteinbildung spielen eine Rolle bei der Zellalterung. Proteine sind lange, ineinandergefaltete Aminosäureketten. Nur, wenn sie richtig gefaltet sind, können sie ihre jeweilige Funktion korrekt ausführen. Bei Alterskrankheiten wie Alzheimer oder Parkinson sind Ansammlungen von falsch gefalteten Proteinen ein typisches Phänomen. Auch die Zellorganellen, also die verschiedenen Teile der Zellen, die mit einer Membran umgeben sind, wie der Zellkern oder das Mitochondrium, sind vom Alterungsprozess betroffen. Die Lamina, eine Proteinschicht auf der Innenseite der Zellkernhülle, wird als Alterungs-Biomarker bei Menschen genutzt. Denn Mutationen in Lamina-Genen können zu vorzeitiger Alterung in Zellen führen.

Auch Fehlfunktionen in den Mitochondrien, den Kraftwerken der Zelle, haben Auswirkung auf das Altern. In Mitochondrien findet die Zellatmung statt, die wiederum auch in den Alterungsprozess involviert ist, denn bei der Zellatmung werden nebenbei sogenannte reaktive Sauerstoffspezies gebildet. Diese Oxidantien sind hochreaktiv und können Schäden an Proteinen, DNS und Membranen verursachen. Daher braucht die Zelle die berühmten Antioxidantien, die in der Werbung oft angepriesen werden, um den negativen Wirkungen der Oxidantien gegenzusteuern.

Zu guter Letzt sind es die Signalwege in der Zelle, die den Metabolismus, die Energieaufnahme und die Stressantwort regulieren, die ebenfalls beim Altern eine Rolle spielen.

Wenn man nun die sehr alten Tiere wie den Grönlandhai mit schnelllebigeren Verwandten vergleicht, fällt auf, dass sie ein verbessertes DNS-Reparatursystem haben, weniger Genom- und Zellschäden aufweisen und generell besser gewappnet sind gegen oxidativen Stress und andere Zellstressoren. Denn sie besitzen in ihrer DNS mehr Gene, die gegen diese Alterungsprozesse arbeiten, oder diese Gene haben Mutationen, die sie besser oder effektiver arbeiten lassen.

Schwämme sind sogar noch besser ausgestattet. Sie haben mobile Stammzellen, die im Schwamm herumwandern und beschädigte Zellen verschiedener Typen einfach austauschen und so erneuern. So können sie sich immer wieder selbst reparieren. Bei der Qualle *Turritopsis dohrnii* ist es so, dass ihre gealterten Zellen sich in Stammzellen zurückverwandeln und daraus wieder neue spezialisierte Polypenzellen entstehen.

In der Altersforschung hat sich gezeigt: Je simpler ein Organismus aufgebaut ist, desto länger kann er leben oder sich selbst wieder reparieren. Die ständige Bildung von neuen Zellen führt natürlich notgedrungen zu einem Wachstum. Das ist kein Problem für einen Schwamm, der einfach weiterwächst, oder einen Polypen, der sich teilen kann, wenn er zu groß wird. Bei komplexeren Tieren ist so ein ungehindertes Wachstum aber ein Problem, besser bekannt als Krebs.

Die Komplexität unseres Körpers, mit vielen verschiedenen Organen, Zelltypen und ihren diversen Aufgaben und Eigenschaften, hat zur Folge, dass alle

Zellfunktionen streng kontrolliert vonstattengehen müssen und wir uns nicht schnell mal regenerieren können. Die Forschung an Lebewesen, die diese Fähigkeit besitzen, hat schon viel dazu beigetragen, den Prozess des Alterns überhaupt zu verstehen.

Dieses Wissen wird auch heute schon angewendet: Stammzellenforschung hat bereits Erfolge bei der Bekämpfung von Krebs gezeigt. Sogar das Anzüchten von Gewebe und Organen aus Stammzellen im Reagenzglas hat funktioniert. Das könnte eines Tages die Organspende ersetzen. Mittlerweile werden klinische Studien zur Stammzellenbehandlung bei altersbedingter Makuladegeneration, die für Altersblindheit verantwortlich ist, erfolgreich durchgeführt. Um biotechnologisch solche Fortschritte zu erreichen, ist es immer wichtig, Vorgänge wie die Transformation von *Turritopsis dohrnii* oder den verlangsamten Alterungsprozess im Grönlandhai genaustens zu erforschen. Denn wer weiß, was für Geheimnisse, die die Medizin weiterbringen könnten, in diesen Tieren schlummern. Ob wir es irgendwann tatsachlich durch Forschung schaffen, den Tod zu überwinden, ist meines Erachtens unwahrscheinlich. Aber wie uns schon diverse Filme und Bücher gelehrt haben, ist ewiges Leben unter Umständen eher Fluch als Segen.

Die Sprache der Delfine

Schon die alten Griechen waren fasziniert von Delfinen. Die Meersäuger tauchen oft als Retter in der Not in ihren alten Mythen auf. Auch bei den Römern waren sie beliebt. Plinius der Ältere schrieb schon im 1. Jahrhundert in seiner *Naturalis historia* über sie und zeigt, dass Delfine damals einen fast übernatürlichen Ruf hatten. Er schrieb, sie seien die schnellsten Tiere der Welt und könnten sogar über Schiffe springen. Sie würden Stürme vorhersagen, Musik lieben und dazu tanzen. Er erzählte von Delfinen, die im Nil mit Krokodilen kämpfen und ihnen mit ihrer messerscharfen Rückenflosse den Bauch aufschlitzen. Er hatte auch Geschichten von innigen Freundschaften zwischen Jungen und Delfinen zu erzählen, quasi die römische Version von Flipper.

Auch im mittelalterlichen Europa faszinierten Delfine die Menschen, selbst wenn die meisten noch nie einen Delfin mit eigenen Augen gesehen hatten. Das führt zu einigen obskuren Delfindarstellungen in der Kunst wie beispielsweise Albrecht Dürers »Arion wird von einem Delphin gerettet«, das um 1514 entstand. Der Delfin, auf dem der Dichter Arion reitet, sieht aus wie das Kind einer Meerjungfrau und eines Orks. Mit riesigen Hauern und Schuppen ausgestattet, hat er gleichzeitig auch noch struppiges Fell am Kopf und an der Schwanzflosse. Aber was soll man machen, wenn man selbst noch nie einen Delfin gesehen hat und sich an wilden Seemannsgeschichten orientieren muss? Selbst Benjamin Franklin wunderte sich, als er bei seiner Überfahrt von England nach Amerika das erste Mal Delfine sah, dass sie auf Bildern immer so hässlich und monströs aussähen und doch eigentlich so bezaubernde, filigrane Tiere seien. Die Besatzung seines Schiffs lieferte ihm eine ziemlich bizarre Erklärung: Da die Delfine so wunderschön und appetitlich aussehen, würden schwangere Frauen sie bei ihrem Anblick sofort verspeisen wollen. Da man Delfine aber nur auf hoher See fangen und essen könne, sei es für die Frauen, die an Bord Unglück brächten, unmöglich, jemals Delfinfleisch zu essen. Und um ihnen das unstillbare Verlangen danach zu ersparen, stellten KünstlerInnen auf ihren Bildern Delfine derart hässlich dar. Wie selbstlos von ihnen. Also, wenn ihr spontan Lust auf Delfinfleisch habt, ist es vielleicht Zeit für einen Schwangerschaftstest.

Heute haben Delfine den Ruf als weise, intelligente, im wahrsten Sinne des Wortes quietschfröhliche Kreaturen aus dem Meer. Das haben sie zum größten Teil John C. Lilly zu verdanken. Lilly war ein Neurophysiologe am U. S. National Institut for Mental Health, der in den 1950er-Jahren anfing, mit Delfinen zu arbeiten. Eigentlich forschte er an Tiergehirnen, um daraus Rückschlüsse auf das menschliche Gehirn zu ziehen. Während seiner Arbeit mit Delfinen fiel Lillys Frau Antonietta auf, dass die Tiere anfingen, mittels ihres Atemlochs die Sprache der Menschen zu imitieren. Aufgrund Antoniettas Beobachtung und Lillys eigener Forschung an den Säugern war er von ihrer überragenden Intelligenz überzeugt und setzte sich ein ambitioniertes Ziel: Er wollte Delfinen die englische Sprache beibringen und so die Kommunikation zwischen Mensch und Delfin möglich machen. Dafür fand er bereitwillig Geldgeber. Unter anderem die NASA, die Lillys Sprachforschung als Modell für potenzielle Kontaktaufnahme mit außerirdischem Leben nutzen wollte. Mit diesem Geld war Lilly in der Lage, sein berühmtberüchtigtes Delfinhaus zu bauen, das an einem abgelegenen Strand auf der Karibikinsel St. Thomas lag. An das Erdgeschoss des Hauses war ein in den Fels gesprengtes Delfinbecken angeschlossen, das drei Delfine der Art Großer Tümmler (*Tursiops truncatus*) beherbergte. Bis heute werden die meisten Delfinstudien an Großen Tümmlern durchgeführt. Zu Lillys Versuchstieren gehörten zwei Weibchen, Sissy und Pamela, sowie ein Männchen, Peter. Die Delfintrainerin Margaret Howe Lovatt, die Peter die menschliche Sprache beibringen wollte, beschloss nach einer Weile, dass sie für effektiveres Arbeiten ganztägig Zeit mit ihm verbringen müsste. Dafür wurde der erste Stock des Hauses versiegelt und knietief mit Wasser gefüllt. Peter konnte mit einem Aufzug vom Delfinbecken in die Wohnung und zurück transportiert werden. So lebten, arbeiteten und ruhten Peter und Magaret für einige Monate zusammen. Dabei entwickelte sich eine innige Beziehung zwischen den beiden, die in Berichten oft als Liebe bezeichnet wird. Ein Problem am Zusammenleben mit einem männlichen Delfin ist jedoch ihr sehr ausgeprägter Sexualtrieb. Wie Menschen masturbieren auch Delfine. Dazu reiben sie sich wenig wählerisch an Artgenossen, toten Fischen oder eben auch an Menschen. Da Peter in diesen Stimmungslagen unkonzentriert und nicht arbeitsfähig war, lieh Margaret ihm buchstäblich eine Hand, um dann mit dem Unterricht weitermachen zu können. Die Medienberichterstattung stürzte sich auf die Tatsache, dass Margaret den Delfin sexuell befriedigte, und stellte oft den interessanten Teil des Experiments, das Sprachenlernen, in den Hintergrund.

Trotz ihrer Hingabe und Aufopferung machte Margaret mit Peter nur kleine Fortschritte. Peter war zwar in der Lage, Wörter, die Margaret ihm vorsagte, wie »hello« oder »one, two, three«, mit seinem Luftloch nachzuahmen. Er zeigte aber keine Anzeichen dafür, dass er diese Wörter wirklich verstand oder gezielt einsetzte, um Wünsche zu äußern. Man kann sich das Geräusch, das Peter dabei produzierte, etwa so vorstellen, wie wenn man den Mund mit Wasser füllt und gurgelnd versucht, diese Wörter auszusprechen. An eine präzise Aussprache war also nicht zu denken. Langsam sahen auch KollegInnen von Lilly den Sprachunterricht für Delfine kritisch. Weil Peter nicht in der Lage war, mit Menschen in unserer Sprache zu kommunizieren, kamen sie zu dem Schluss, der richtige Weg wäre, die Eigensprache von Delfinen zu erforschen. So wandten sich nicht nur Lillys KollegInnen, sondern auch seine Geldgeber mit der Zeit von ihm ab, da er zu langsam Fortschritte machte. In seiner Verzweiflung, das Projekt voranzutreiben, injizierte Lilly den Delfinen, trotz großen Protestes vonseiten Margarets und anderer KollegInnen, LSD – in der Hoffnung, so irgendwie weiterzukommen. Die Tiere zeigten aber keinerlei Reaktion auf die Droge. Kurz darauf wurde das Delfinhaus geschlossen und Peter in ein privates Labor von Lilly gebracht. Tragischerweise beging er dort nach ein paar Wochen Suizid. Delfine haben keinen Atemreflex wie wir Menschen, sondern müssen aktiv atmen. Sie können also das Atmen bewusst einstellen und sich selbst ersticken. Ob sich Peter nun aus Gram wegen der schlechten Lebensbedingungen im neuen Labor das Leben nahm (dort hatten die Säuger sehr kleine Schwimmbecken, in denen sie sich nur minimal bewegen konnten) oder aus Liebeskummer, weil er von Margaret getrennt wurde, kann man diskutieren. Fakt ist jedoch, dass suizidales Verhalten auch bei anderen Delfinen und Orcas in Gefangenschaft beobachtet wurde und dies glücklicherweise immer mehr zu einem gesellschaftlichen Umdenken bezüglich der Haltung von Meeressäugern führt. Auch wenn Lilly sich nach Peters Suizid von Delfinen als Forschungsschwerpunkt abwandte und sich der Bewusstseinserweiterung durch Drogen wie LSD und Ketamin widmete, war er in späteren Jahren sehr reflektiert gegenüber seinem Handeln und bereute seine früheren Experimente. Bis an sein Lebensende engagierte er sich leidenschaftlich für Delfine. Und abgesehen von seiner wilden Wandlung zum New-Age-Guru am Ende seiner Karriere, hat er wie kein anderer die Sprachforschung bei den marinen Säugern vorangetrieben.

In den 1960er-Jahren war Sprachforschung an Tieren generell ein großes Thema, vor allem wurde versucht, Affen eine menschliche, meist die englische, Sprache beizubringen. Aufgrund ihrer Anatomie ist Affen das Imitieren menschlicher Sprache aber schlicht unmöglich. Man behalf sich deshalb mit Zeichensprachen oder speziellen Keyboards, die auf Knopfdruck menschliche Worte von sich gaben. Mit diesen Hilfsmitteln schafften es einige WissenschaftlerInnen, mit vorher trainierten Affen zu kommunizieren. Allerdings war das nicht immer gern gesehen und verursachte große Konflikte in der Wissenschaftsszene. Nicht so verwunderlich, wenn wir an Kopernikus, Galileo oder Darwin zurückdenken: Theorien, die den Menschen aus dem Mittelpunkt des Universums schieben oder seine Besonderheiten, wie eben die Sprache, entzaubern, wurden schon immer kritisch gesehen und fanden erst mit der Zeit Akzeptanz. Das kontroverse Thema der Tiersprachforschung gipfelte in einer Konferenz in den 1980er-Jahren in New York. Hier trafen sich LinguistInnen, PsychologInnen, ein paar wenige TiersprachwissenschaftlerInnen und MagierInnen. Ja, richtig gelesen, MagierInnen. Bei dieser Konferenz ging es nämlich einzig und allein darum, den TiersprachwissenschaftlerInnen zu zeigen, dass ihre jahrelange Arbeit kompletter Blödsinn war.

Ausschlaggebend dafür war ein Pferd. Und zwar ein zu der Zeit sehr berühmtes Pferd mit dem Namen Clever Hans. Clever Hans brachte die Welt mit seinem Rechentalent zum Staunen. Wenn sein Besitzer ihm Matheaufgaben wie »Was macht zwei plus drei?« stellte, scharrte Hans fünfmal mit dem Huf und löste so die Aufgabe. Das Wunderpferd wurde später von einem Psychologen entzaubert. Der fand heraus, dass Hans' Besitzer dem Pferd unbewusst Signale gab. Er nickte nämlich immer minimal mit dem Kopf, sobald die richtige Anzahl an

Hufscharrern erreicht war; und Hans hörte auf zu scharren; sobald er das Nicken bemerkte. Hans' Besitzer nahm nicht wahr, dass er nickte, auch für das Publikum war das Signal unsichtbar, da es sich in einem Bereich von weniger als einem Millimeter abspielte. Doch Hans sah selbst diese kleinste Bewegung. Und mit seiner Entzauberung fiel ein ganzes Wissenschaftsfeld.

Die Konferenz in New York diente also dazu, den TiersprachforscherInnen mithilfe der MagierInnen begreiflich zu machen, dass die Kommunikation mit ihren Tieren, genau wie bei Hans, allein auf unbewusste Signale zurückzuführen war und kein wirklicher Dialog stattfinden würde. Dass Affen Wortschöpfungen wie »weißer Tiger« für Zebra oder »Wasser Vogel« für einen Schwan erfanden, wurde als zufällig abgetan und den zuständigen WissenschaftlerInnen vorgeworfen, dass sie die Fähigkeiten ihrer Schützlinge überschätzten. Die Konferenz endete in einem handfesten Streit und einer turbulenten Pressekonferenz mit den beiden einzigen TiersprachwissenschaftlerInnen vor Ort, denen nicht nur unbewusste Beeinflussung ihrer Tiere vorgeworfen wurde, sondern auch das Fälschen von Studienergebnissen, um Gelder für Forschung oder persönlichen Ruhm einzuwerben. Die Schlammschlacht hatte Folgen: Die Fördermittel für Forschung im Bereich der nicht-menschlichen Sprachen wurden drastisch reduziert oder verschwanden ganz. Auch die in der breiten Bevölkerung aufkommende Tierschutzbewegung, die das Einsperren von Tieren und Tierversuche scharf kritisierte, war nicht gerade förderlich für diese Wissenschaftssparte. Auch wenn sich die Tiersprachforschung damit in den 1980er-Jahren auf dem absteigenden Ast befand, haben die bis dahin gesammelten Erkenntnisse erste Einblicke in die Evolution von Sprache ermöglicht. Aus der frühen Tiersprachenforschung entstand zum Beispiel ein besseres Verständnis von Zeichensprache. Sie half außerdem bei der Entwicklung sprachpädagogischer Methoden für autistische Kinder oder Kinder mit Sprachschwierigkeiten. Und auch heute noch gibt es WissenschaftlerInnen, die sich der Tiersprachenforschung widmen. Delfine, die ja auch heutzutage noch als hochintelligent gelten, sind dabei weiterhin im Fokus.

Es gibt verschiedene Gründe, warum Delfine oft als die intelligentesten Tiere unseres Planeten bezeichnet werden. Allerdings ist das Wort »Intelligenz« in diesem Kontext problematisch. Zum einen ist selbst beim Menschen umstritten, was nun eigentlich genau Intelligenz ausmacht. Zum anderen impliziert diese Bezeichnung immer einen Vergleich mit dem Menschen, und demnach zählt nur als intelligent, wer dieselben Fähigkeiten aufweist wie ein Mensch. Das ist ein Konzept, von dem man sich lösen sollte, da verschiedene Lebensräume und Lebensweisen verschiedene Arten von Wahrnehmung und Fähigkeiten bedürfen. Frei nach dem Motto: Beurteile keinen Fisch danach, wie gut er einen Baum hochklettern kann. Zum Beispiel haben sich die Cetacea, die Ordnung der Wale, die sich schon vor 50 Millionen Jahren wieder zurück in das dem Land so fremde Medium Meer begaben, evolutionsbiologisch extrem anders entwickelt als wir, die auf dem Trockenen geblieben sind. WissenschaftlerInnen sprechen daher lieber von kognitiven Fähigkeiten als von Intelligenz. Kognitive Fähigkeiten beinhalten unter anderem: Problemlösung, Lernfähigkeit, Erinnerung, Sozialverständnis, Empathie, Konzeptverständnis und kognitive Flexibilität. Delfinen, die übrigens zu der Unterordnung der Zahnwale gezählt werden, da sie – Überraschung – Zähne haben, werden hohe kognitive Fähigkeiten zugeschrieben, und das liegt an mehreren Faktoren:

Zum einen haben sie, in Relation zu ihrem Körpergewicht, nach dem Menschen die größten Gehirne in der Tierwelt. Diese Gehirne besitzen im Vergleich zum menschlichen Hirn doppelt so viele Falten und damit eine größere Oberfläche sowie eine bis zu dreimal höhere Konzentration an Neuronen und Gliazellen. Aber es hat sich auch gezeigt, dass das Betrachten der reinen Größe und Zellanzahl nicht unbedingt viel aussagt über die kognitiven Fähigkeiten eines Lebewesens. Sinnvoller ist es, die einzelnen Hirnareale etwas genauer anzuschauen. Ein sehr großer Bereich des Neocortex, ein Teil der Großhirnrinde, ist auf Hören und Lauterzeugung spezialisiert, was Hinweise darauf gibt, dass diese Fähigkeiten eine große Rolle im Delfinleben spielen. Auch Gehirnregionen wie die Inselrinde und der Anteriore cinguläre Cortex sind vergrößert. Bei diesen wird vermutet, dass sie für Vorstellungskraft verantwortlich sind und dafür, Handlungen oder Reaktionen im Voraus abzuschätzen oder vorherzusehen sowie sich in das Gefühlsleben anderer Personen hineinzuversetzen. Alles wichtige Eigenschaften für sozial komplex vernetzte Lebewesen.

Delfine können sich außerdem selbst als Individuum erkennen. Um dies zu überprüfen, wurden zwei Delfinbrüder dem Spiegeltest unterzogen. Dieser fand in den 1980er-Jahren auch schon bei Schimpansen und Gorillas Anwendung. Den Delfinen wurde ein Spiegel in ihr Becken montiert und ihre Reaktionen darauf beobachtet. Ignorieren sie den Spiegel? Sehen sie hinein? Drehen sie sich davor? Geben sie Laute von sich? So Dinge, die Delfine eben tun. Nachdem sie sich einige Tage an den Spiegel gewöhnt hatten, wurde eine ihrer Flanken mit Zinkoxiden weiß markiert. Zinkoxid kennt man aus dickflüssigen Ökosonnencremes, die total super funktionieren und ungiftig sind für Mensch und Natur, aber modisch sind sie nicht so der Renner. Ziel der Markierung war zwar nicht, das modische Empfinden der Delfine zu testen, aber man vermutete, dass die Tiere sich daran stören würden, so wie das bei Schimpansen und Gorillas auch der Fall war. Die Resultate des Spiegeltest waren unerwartet. Die Delfine reagierten zwar mit Verhalten, das darauf schließen lässt, dass sie ihr eigenes Spiegelbild erkannten. Beispielsweise öffneten und inspizierten sie ihr Maul oder schwammen nahe an den Spiegel heran, um ihre Augen zu betrachten. Einer der Brüder benutzte den Spiegel zum Spielen, er ließ Luftblasen los, orientierte sich im Spiegel über ihre Position und fing sie dann mit der Schnauze. Zudem zeigten beide Delfine plötzlich ein gesteigertes Sexualverhalten, welches sie hauptsächlich vor dem Spiegel auslebten. Die kleinen Schweinchen. Aber die weiße Markierung hingegen beachteten sie kaum. Erst, als das Zinkoxid von ihren Trainern mit einem Tuch abgerieben wurde, betrachteten sie fast schon ungeduldig den Fortschritt des Putzens im Spiegel. Ob Delfine wohl eitel sind?

Eine weitere Studie mit zwei Delfinkälbern zeigte, dass sie sich schon ab dem 7. Lebensmonat selbst im Spiegel erkennen. Menschenkinder hingegen nehmen ihre Reflexion erst ab dem ersten Lebensjahr bewusst wahr. (Hier muss man allerdings auch fragen, ob unsere menschliche Art der Selbstwahrnehmung überhaupt auf Delfine übertragbar ist. Da Delfine auch andere Sinne, wie zum Beispiel Echoortung, auf die wir später noch zurückkommen werden, nutzen, wirkt eine rein optische Spiegelung eventuell auf sie ganz anders als auf uns Menschen.)

Eine weitere Fähigkeit der Säuger, für die ihnen eine hohe kognitive Leistung zugeschrieben wird, ist, dass sie Werkzeuge benutzen. Zwar nicht auf so komplexe Arten wie Menschen. Denn wer Daumen hat, ist klar im Vorteil! Aber sie nutzen, was sie können, auf sehr kreative Weise. Große Tümmler, die in der australischen *Shark Bay* leben, durchwühlen mithilfe von Schwämmen den sandigen Meeresboden nach Beute. Damit schaffen sie sich Zugriff auf ein ganz neues Buffet aus sich im Sand vergrabenden Fischen. Die Schwämme dienen vermutlich als Schutz, damit sich die Delfine nicht die empfindliche Schnauze aufschlagen oder gestochen werden, vielleicht können sie damit auch einfach mehr Fläche aufwühlen. Dieses Verhalten lernen die Kinder von ihren Müttern, aber nicht alle behalten es bis ins Erwachsenenalter bei. Und so, wie wir gerne Zeit mit Leuten verbringen, die ähnliche Interessen haben, finden wir schwammnutzende Delfine eher in Gesellschaft anderer SchwammnutzerInnen als mit denen, die das Verhalten wieder abgelegt haben. In der BBC-Dokumentation *Delfine hautnah* wurde eine Gruppe junger Männchen dabei gefilmt, wie sie vorsichtig an giftigen Kugelfischen nagten und dann den vor Angst aufgeblähten Fisch wie einen Joint an ihre Kollegen weiterreichten. Danach hingen sie benommen mit kleinen Augen an der Oberfläche rum und erfreuten sich an ihrem Spiegelbild. Ob die Delfine wirklich Betäubungsmittelmissbrauch begehen oder den Kugelfisch einfach als Spielball benutzen, ist wissenschaftlich nicht geklärt. Ob man dieses Verhalten nun als Werkzeugbenutzung zählt, überlasse ich jedem selbst.

Ein weiterer Punkt ist, dass Delfine sich künstliche Sprachen aneignen können. Langjährige Studien an zwei Delfindamen, Phoenix und Ake, haben gezeigt, dass Delfine in der Lage sind, Zeichensprache zu erlernen. Sie können nicht nur Zeichen bestimmten Dingen oder Aktionen zuordnen, sondern auch grammatikalische Verbindungen der Wörter verstehen. Zur Verdeutlichung: Die Zeichenfolge BALL + BRING + KORB fordert den Delfin auf, den Ball zum Korb zu bringen. KORB + BRING + BALL bedeutet umgedreht, sie soll den Korb zum Ball bringen. Am Ende verstanden die Delfine 30 Wörter, mit denen insgesamt 2700 Sätze mit bis zu fünf Wörtern Länge konstruiert werden konnten. Dabei waren sie auch in der Lage, korrekt auf neu kreierte Sätze zu reagieren oder grammatikalisch unlogische Sätze zu enträtseln. Sie hatten ein Verständnis für das Konzept der Wörter entwickelt. Wenn ihnen beispielsweise ein neuer anders aussehender Ball oder Ring ins Becken gelegt wurde, war ihnen sofort klar, dass diese Objekte mit dem Handzeichen für BALL oder RING gemeint waren. Delfine können also sowohl das Konzept von Wörtern als auch Wortfolgen verstehen und umsetzen.

Und nicht zuletzt das wichtigste Thema: die Kommunikation innerhalb der Art, die Sprache der Delfine. Die verbale Kommunikation bei Delfinen wird in zwei verschiedene Arten eingeteilt. Zum einen gibt es das allseits bekannte Pfeifen oder Schnattern. Diese Laute dienen wohl ausschließlich der sozialen Kommunikation innerhalb der Gruppe, die so auf Distanzen bis zu zehn Kilometern kommunizieren kann. Da sich das Pfeifen in einem Frequenzbereich von 2 bis 35 000 Hertz abspielt, also innerhalb des Bereiches von 20 bis 20 000 Hertz, der für uns Menschen hörbar ist, kennen wir diese Geräusche als »klassische« Delfinlaute.

Dann gibt es noch die Klicks. Das sind hochfrequente Schallwellen, die sich von 20 000 Hertz bis in den Ultraschallbereich von über 300 000 Hertz bewegen können. Da sind wir Menschen zwar eigentlich raus, aber der Teil, den wir hören, wird oft mit dem Klopfen eines Spechtes oder einer knarzenden Tür verglichen. Diese Klicks dienen der Echoortung und werden zum Jagen, Lokalisieren und Identifizieren von Objekten genutzt, indem die Schallwellen regelrecht darauf geschossen werden. Die Objekte reflektieren diese Schallwellen, und das zurückkommende Echo wird aufgenommen und interpretiert. Aufgrund ihrer kurzen Wellenlänge können die Klicks im Wasser zwar nicht weit reisen und finden deshalb nur in einem Bereich von 5 bis 200 Metern Anwendung, sie erlauben aber eine sehr hohe Auflösung und somit ein scharfes »Sehen« der Umgebung. Der Delfin vermag damit die Größe, Form, Entfernung, Geschwindigkeit und sogar die Materialbeschaffenheit eines Objektes zu messen. In gebündelter Form können Klicks obendrein dafür benutzt werden, Fische kurzzeitig zu betäuben. Obwohl die Säuger Töne im Bereich von 12 bis 300 000 Hertz erzeugen, hören sie nur im Bereich von 800 bis 100 000 Hertz. Schallwellen außerhalb dieses Bereichs erspüren sie mit einem besonderen Sinnesorgan, dem sogenannten rostralen Sinnesorgan, das sich durch die gesamte Länge der Schnauze zieht. Dieses Sinnesorgan ist so feinfühlig, dass ein Delfin allein mit der Echoortung im trüben Wasser eine kleine Münze, die auf Steinen liegt, finden kann.

Werden die Klicks als komprimierte Impulse ausgestoßen, spricht man von *burst pulses*. Wenn sie so, also mit minimalen Pausen zwischen den einzelnen Klicks, abgegeben werden, verlieren sie ihren klickenden Charakter und hören sich an wie richtige Laute. Mich persönlich erinnern sie an einen schimpfenden Donald Duck oder nervig quietschendes Hundespielzeug. Sie werden oft sehr nah oder mit direktem Körperkontakt zu einem Artgenossen ausgestoßen und in der sozialen Kommunikation beispielsweise beim Balzen benutzt oder dazu, Jungtiere zu disziplinieren. Vielleicht, wenn sie wieder zu viel Kugelfisch gelutscht haben?

Die verbale Kommunikation der Delfine ist also ganz schön breit aufgestellt. Aber es wird noch komplexer, denn die Pfeifgeräusche können auch gleichzeitig mit den Klicks produziert werden. Was darauf schließen lässt, dass diese Geräusche in verschiedenen Organen entstehen. Delfine erzeugen Geräusche anders als wir Menschen, denn sie besitzen keine Stimmbänder. Ihr Kehlkopf muss verschlossen bleiben, da sonst Wasser in die Lunge eindringen könnte, und das wäre natürlich recht unpraktisch. Daher werden bei ihnen die Geräusche in der Nase produziert, in der dafür bestimmte Organe wie die Stimmlippen, aufgrund ihres Aussehens auch »Affenlippen« genannt, sitzen. Diese sind in ihrer Funktion unseren Stimmbändern nicht unähnlich. So wie wir mit dem Bewegen unseres Mundes einen Ton verändern können, helfen den Delfinen Muskeln in ihren Nasengängen, Töne zu modellieren. Die Nase ist übrigens das, was sich bei Delfinen über

Jahrmillionen zum Atemloch umgewandelt hat. Wir gehen davon aus, dass das Pfeifen im linken Nasengang entsteht und Klicks im rechten produziert werden. Aber bis heute ist eigentlich immer noch nicht richtig klar, wie das tatsächlich geschieht.

Inzwischen wissen wir, dass Delfine bis zu vier unterschiedliche Laute gleichzeitig produzieren können. Die Kombinationsmöglichkeiten zwischen diesen Geräuschen würde bedeuten, dass die Delfinsprache mit bis zu einer Billion »Wörter« ausgestattet sein könnte. Im Vergleich dazu hat English nur eine lächerliche Million Wörter. Studien der Delfinsprache beschränkten sich bisher hauptsächlich auf das Pfeifen. Belastbare Erkenntnisse dazu haben wir jedoch immer noch so gut wie gar keine. Eins der wenigen Dinge, die wir wissen, ist, dass Delfine Namen haben, die sogenannten Signaturpfiffe. Junge Delfine geben sich im ersten Lebensmonat selbst einen Namen. Dazu lernen, imitieren und ändern sie Pfiffe aus ihrem sozialen Umfeld, bis sie ihren individuellen Signaturpfiff erschaffen haben, den sie bis an ihr Lebensende beibehalten. Diese Namen werden genutzt, um sich gegenseitig vorzustellen oder zu adressieren. Jeder Signaturpfiff ist einzigartig. Anhand der Signaturpfiffe von in Gefangenschaft lebenden Delfinen, die aus Zuchtgründen durch verschiedene Aquarien gereist waren, testete ein Wissenschaftler, ob sie sich an die Signaturpfiffe ihrer früheren MitbewohnerInnen erinnerten. Dafür wurden ihnen die aufgenommenen Pfiffe auf einem Unterwasserlautsprecher vorgespielt und ihre Reaktion analysiert. Tatsächlich, auch nach Jahrzehnten konnten sich die Delfine noch aneinander erinnern oder zumindest an die Namen der anderen Delfine. Das war das erste Mal, dass - abgesehen vom Menschen - eine derartige Langzeiterinnerung bei Lebewesen nachgewiesen wurde. Langzeiterinnerungen machen für Delfine evolutionsbiologisch betrachtet durchaus Sinn: Sie leben in festen Gruppen oder Schulen, die sich immer mal wieder mit anderen Schulen mischen. Da ist es durchaus von Vorteil, wenn man sich erinnern kann, wer einem gut gesinnt war und wem man lieber aus dem Weg schwimmt. Es hilft auch dabei, Inzucht zu vermeiden, wenn man genau weiß, wer die eigene Mutter ist. Außerdem scheinen Delfine keine verschieden klingenden Stimmen zu haben, das heißt, sie können sich akustisch nicht auseinanderhalten. Daher ist der Signaturpfiff unumgänglich, wenn man wissen will, mit wem man sich gerade unterhält.

Abgesehen von den Signaturpfiffen wissen wir, wie gesagt, nur sehr wenig über die Sprache der Delfine, denn die Forschung daran ist unglaublich aufwendig. Die Wissenschaftlerin Denise Herzing und ihr Team forschen seit Jahrzehnten zu diesem Thema. Sie sammeln seit über 30 Jahren Daten von

Atlantische Zügeldelfine werden wegen ihrer markanten Flecken auch Atlantische Fleckendelfine genannt. Die Flecken entstehen erst mit zunehmendem Alter und helfen den WissenschaftlerInnen, Individuen wiederzuerkennen. Zügeldelfine sind mit bis zu 2,5 Meter kleiner als die Großen Tümmler, die bis zu vier Meter lang werden können.

einer wilden Kolonie atlantischer Fleckendelfine (*Stella frontalis*), die vor den Bahamas leben.

Das Meer um die Bahamas ist sehr klar, perfekt geeignet also für Video- und Audioaufnahmen unter Wasser. Dazu braucht man nur eine Unterwasserkamera, die mit einem Hydrophon, also einem Unterwassermikrofon, ausgestattet ist. Das Ziel: die Kommunikation und das Verhalten wilder Delfine in ihrer natürlichen Umgebung zu analysieren. So werden zum einen die Geräusche mittels eines Sonagramms analysiert. Ein Sonagramm oder Schall-Spektrogramm ist ein Zeit-Frequenz-Diagramm. Es stellt den Frequenzbereich der Geräusche auf der y-Achse, ihren zeitlichen Verlauf auf der x-Achse und die Lautstärke in der Dicke der Striche dar. So

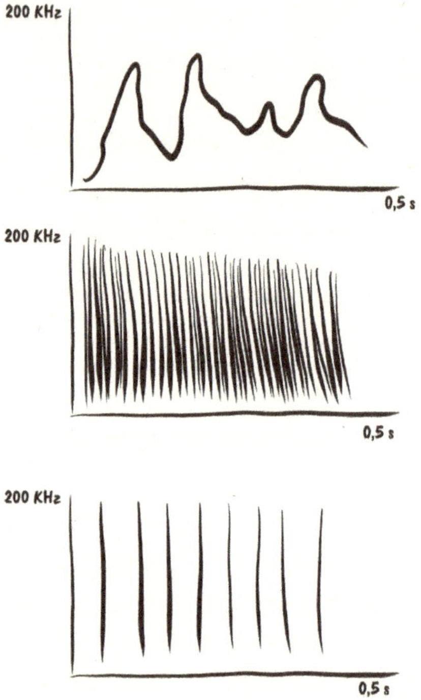

Beispielhafte Sonagramme verschiedener Delfinlaute. Von oben nach unten: Pfeifen, burst pulses *und Klicks. Die y-Achse gibt die Frequenz in Kilohertz an, die x-Achse die Zeit in Sekunden, und die Dicke des Striches spiegelt die Lautstärke wider.*

können auch Töne in Frequenzbereichen, die für uns Menschen nicht mehr wahrnehmbar sind, visualisiert werden. Auf dem Sonagramm ist deutlich der Unterschied zwischen verschiedenen lauten wie Pfeifen, Quietschen, Klicken oder *burst pulses* zu erkennen.

Diese Sonagramme werden zusammen mit dem Videomaterial ausgewertet, sodass Verhalten und Ton miteinander gekoppelt werden können. Von Interesse ist, welches Verhalten mit dem jeweiligen Laut ausgeführt wurde. Folgt auf ein bestimmtes Quieken ein aggressives Verhalten zwischen zwei Männchen, markiert man diesen Laut mit Aggressivität. Ein Pfeifen beim Wiedersehen zwischen Mutter und Jungtier markiert man als Begrüßung und so weiter.

Die Analyse von einer Stunde Videomaterial ist extrem aufwendig und kann locker zehn Stunden Arbeit in Anspruch nehmen. So ist es nicht verwunderlich, dass die WissenschaftlerInnen schnell mal mit der Auswertung hinterherhinkten. Aber genau hier kommen moderne Technologien ins Spiel. Herzing und ihr Team arbeiten neuerdings daran, Deep-Learning-Methoden zu nutzen, um ihre Videos und Sonagramme automatisiert auszuwerten. Dabei werden mithilfe menschlich kuratierter Datensätze Algorithmen trainiert, Muster in den erhobenen Daten zu erkennen und zu annotieren, sodass am Ende der Computer die Arbeit übernehmen kann. So wird die Annotationsarbeit, die sonst eigentlich per Hand ausgeführt werden muss, deutlich erleichtert und vor allem beschleunigt, und Herzing und ihr Team können nicht nur die Massen an Daten, die sie in den letzten 30 Jahren angesammelt haben, auswerten, sondern auch nach neuen Mustern in den Tonfolgen suchen, die ihnen eventuell vorher gar nicht aufgefallen waren. Erste Erfolge ihrer Bemühungen zeigen, dass dies durchaus funktionieren kann. Eine spannende und vielversprechende neue Entwicklung in der Delfinforschung hat sich da aufgetan.

Die ForscherInnen beobachten aber nicht nur, sondern versuchen auch, aktiv mit den Delfinen zu kommunizieren. Dies geschieht mithilfe von technisch erzeugten Pfeiftönen, die von den Tieren leicht nachgeahmt werden können. Für diese Art der Kommunikation wurde zusammen mit ComputerspezialistInnen der sogenannten CHAT entworfen, kurz für Cetacean Hearing and Telemetry. Der CHAT ist eine Art Simultanübersetzer zum Umhängen. Er ermöglicht den TrägerInnen, bestimmte Pfeiftöne per Tastendruck erklingen zu lassen. Diese Pfeiftöne fungieren als Bezeichnungen für bestimmtes Spielzeug, das den Delfinen angeboten wird, wie ein Schal oder ein Stück Alge. Darüber hinaus kann der CHAT die Laute der Delfine abhören und für den Träger ins Englische übersetzen. Wenn also ein Delfin den Pfeifton für »Schal« nachahmt, erklingt das Wort *scarf* (Schal) im Kopfhörer des CHAT-Trägers. Die Hoffnung der ForscherInnen ist, dass die Tiere diese Benennung verstehen und dann um das Spielzeug bitten, indem sie die jeweiligen Töne imitieren. So würden sie spielerisch Namen und Bezeichnungen lernen. Einmal hat es wohl schon geklappt, könnte aber auch nur Zufall gewesen sein - da haben die ForscherInnen wohl noch einiges an Schall-hin-und-her-Spielen vor sich.

Ein Start-up, das sich auf Spracherkennung und Übersetzung mittels künstlicher Intelligenz spezialisiert hat, ist übrigens mittlerweile auf den Zug aufgesprungen und arbeitet ebenfalls daran, die Sprache der Delfine zu entschlüsseln. Es könnte also in den nächsten Jahren wieder interessant werden im Feld der Tiersprachenforschung.

Dass wir nach jahrzehntelanger Forschung noch nicht viel weitergekommen sind, liegt schlicht daran, dass es gar nicht so einfach ist, eine unbekannte Kommunikationsart zu verstehen. Zur Verdeutlichung drehen wir den Spieß mal um und lassen einen Delfin mich beobachten. Der Delfin beobachtet mich also an einem ganz normalen Tag. Er sieht und hört mich, wie ich mit meinen MitbewohnerInnen spreche und interagiere. Dann beobachtet er mich am Computer, ich schreibe eine E-Mail und fluche, weil das Internet zu langsam ist. Hin und wieder nehme ich einen Stift in die Hand und schreibe etwas auf Papier. Ich drucke etwas aus, oder besser gesagt, ich versuche etwas auszudrucken, wie so oft ist der Wille des Druckers meinem überlegen. Ich schreie den Drucker an. Ein Vogel fliegt auf meinen Balkon, ich begrüße ihn mit einem »Hallo«, wir kennen uns, er kommt jeden Tag. Er zwitschert und fliegt davon. Mein Handy klingelt: Ein Freund hat mir ein lustiges Katzenbild geschickt. Ich lache kurz mit einem Prusten durch die Nase und stecke das Handy wieder weg.

Nun stellt euch vor, ihr seid ein Delfin und sollt herausfinden, was und wie hier kommuniziert wird. Das Sprechen mit den MitbewohnerInnen, also die Gesicht-zu-Gesicht-Interaktion, würde der Delfin sicher noch verstehen, aber ab da wird's schwierig. Wie sollte er ein Konzept von Schriftsprache verstehen, wenn diese in seiner Welt absolut nicht existiert? Wie soll er verstehen, dass die verbale Kommunikation mit meinem Computer und Drucker nur ein Stressventil ist und die eigentliche Kommunikation über das Internet und elektromagnetische Wellen passiert, die er gar nicht wahrnehmen kann? Er könnte denken, dass eine zwischenartliche Kommunikation zwischen dem Vogel und mir stattfindet, dabei ist es nur eine Art Ritual aus Einsamkeit im Homeoffice. Über das Handy stehe ich in permanentem Kontakt mit vielen anderen Menschen, der Delfin aber könnte den Eindruck haben, dass ich den ganzen Tag allein bin, da er nicht verstehen kann, dass ich darauf Nachrichten von anderen Menschen erhalte. Und was haben Menschen eigentlich überhaupt mit diesen Katzenbildern?

Was ich damit verdeutlichen will, ist, dass Kommunikation bei Delfinen und auch bei Walen auf eine Weise stattfinden könnte, die so andersartig ist von unserer und uns so fremd, dass wir noch gar nicht genau wissen, wo und wie wir sie untersuchen sollen. Das Gehirn der Zahnwale entwickelt sich schon seit etwa 35 Millionen Jahren und konnte sich all diese Zeit spezifisch auf die Bedürfnisse im Lebensmedium Wasser anpassen. Daher hat sich die Intelligenz der Zahnwale evolutionsbiologisch gesehen früher und auch andersartig entwickelt als beim Menschen. Nicht verwunderlich, dass es uns schwerfällt, da wirklich durchzublicken. Die Wissenschaft hat sich in den letzten Jahrzehnten vor allem auf die Pfeifgeräusche konzentriert, die wir zumindest wahrnehmen können. Aber auch die Klicks sind wohl ein wichtiger Teil der Kommunikation. Manche WissenschaftlerInnen sind der Meinung, dass Delfine und auch Wale eine Sono-Bildsprache nutzen und sich gegenseitig aus Klicks konstruierte 3D-Bilder zuschicken. Leider ist das fast unmöglich nachzuweisen. Es gibt auch Theorien, wonach die Sprünge, Mimik und das Schwanzschlagen von Delfinen der Kommunikation dienen und zu ihrer Sprache beitragen. Diese vielen offenen Fragen und die potenzielle Komplexität der Kommunikation sind Gründe, warum wir wahrscheinlich auch in den nächsten 50 Jahren nicht in der Lage sein werden, mit Delfinen zu sprechen. Was sehr schade ist! Diesen gesellschaftlichen und ethischen Diskurs würde ich zu gerne miterleben. Stellt euch vor, diesen Tieren wäre es plötzlich möglich, mit uns zu sprechen, Rechte einzufordern, unser Verhalten zu kritisieren, uns aufzuhetzen gegen die blöden Orcas. Vielleicht reden sie aber auch den ganzen Tag nur über Fisch und haben gar kein Interesse an der trockenen Welt. Wie würde die Menschheit darauf reagieren? Oder vielleicht kommen wir auch am Ende zu dem Schluss, dass es so etwas wie eine komplexe Delfinsprache gar nicht gibt.

Trotz jahrzehntelanger Forschung und der Gewissheit über ihre kognitiven Fähigkeiten, ihre komplexen Sozialleben und Familienverbundenheit gibt es übrigens immer noch Hunderte von Delfinen, die in Aquarien zur menschlichen Belustigung eingesperrt und vorgeführt werden. So wie ein Mensch im Gefängnis nicht glücklich ist, so wird auch ein Delfin oder Wal in einem Schwimmbecken nicht glücklich sein. Das zeigt sich durch eine verkürzte Lebensdauer, Krankheitsausbrüche und abnormale Verhaltensweisen, die durch den chronischen Stress, dem die Tiere Tag für Tag in Gefangenschaft ausgesetzt sind, ausgelöst werden. So wie wir Menschenzoos und sogenannte »Freakshows« überwunden haben, müssen wir auch hier lernen, die Rechte und Würde unserer MitbewohnerInnen auf der Erde zu gewährleisten. In Deutschland und der EU ist die

Haltung von Delfin- und Walartigen in Gefangenschaft bis heute noch legal, aber in ein paar Ländern – unter anderem Costa Rica, Bolivien, Chile, Kroatien oder Griechenland – wurde sie inzwischen verboten. Indien ging sogar etwas weiter und gab 2013 Cetacea den Status nicht-menschlicher Personen und damit ein Recht auf Leben und Freiheit.

Das verlorene Plastik

Als Charles J. Moore 1997 nach einer erfolgreichen Segelregatta von Los Angeles nach Hawaii den Rückweg zum Heimathafen ansteuerte, entschied er sich für eine Abkürzung durch den sogenannten Nordpazifikwirbel. Bei der Überfahrt trauten er und seine Crew ihren Augen kaum: Egal, wohin sie blickten, und das über mehrere Tage hinweg – überall im Wasser schwammen Plastikteile. Moore und sein Schiff waren Tausende Seemeilen entfernt von der nächsten Küste inmitten der grenzenlosen Weite des Pazifiks. Selbst andere Schiffe sind in dieser Region des Meeres kaum anzutreffen, denn für SeglerInnen gibt es hier zu wenig Wind und für FischerInnen wegen des nährstoffarmen Wassers nichts zu holen. Woher kommt also dieser ganze Müll?

Was damals eine schockierende neue Erkenntnis war, gehört heute zur Allgemeinbildung: Im Pazifik schwimmt eine Insel aus Müll, die so groß ist wie Frankreich. Und auch wenn MeeresforscherInnen schon Jahrzehnte früher aufgefallen war, dass sich Plastikmüll in den Meeren sammelt, brachte Moores Entdeckung die Problematik der Müllverschmutzung in den Weltmeeren ins Licht der Öffentlichkeit und damit in den Fokus der Wissenschaft. Gleichzeitig ist diese Erzählung auch ein gutes Beispiel für misslungene Wissenschaftskommunikation, denn die »Insel aus Plastik« sieht anders aus, als man sie sich spontan vorstellt. Tatsächlich sammelt sich Plastikmüll in diesem Wirbel, allerdings sind viele der Plastikteile sehr klein, und die Ansammlung ist weder dicht genug, noch wächst sie in die Höhe, wie man es von einer Insel erwarten würde. Daher sprechen WissenschaftlerInnen heutzutage lieber von einer »Plastiksuppe«, wenn sie diesen Ort bildlich darstellen möchten.

Bald stellte sich heraus, dass es nicht nur diesen einen Müllstrudel gibt, sondern dass sich in allen großen ozeanischen Wirbeln das Plastik ansammelt. Die großen ozeanischen Wirbel sind riesige, kreisförmig verlaufende Strömungen, die sich aufgrund von Winden und der Erdrotation bilden. Es gibt insgesamt fünf davon, den eben erwähnten im Nordpazifik, einen im Südpazifik, jeweils einen im Nord- und im Südatlantik und einen im Indischen Ozean. Treibbojen, die mit GPS-Sendern ausgestattet sind und eigentlich Strömungen und Umweltparameter wie Wassertemperatur messen sollen, kann man nutzen, um die Reise des Plastiks durch die Weltmeere nachzuverfolgen. Da sie genau wie viele Plastikteile an der Wasseroberfläche treiben, schwimmen sie auch ähnliche Wege durch die Ozeane. So zeigt sich, dass durch den natürlichen Verlauf der

Meeresströmungen ein Teil des Plastiks in diese Wirbel getragen wird und sich dort sammelt. Nach neusten Studien, in denen der Nordpazifische Wirbel ausgiebig mit Netzen beprobt und mit Flugzeugen die Oberfläche nach großen Müllstücken abgesucht wurde, umfasst der Nordpazifische Müllstrudel mit geschätzten 45 000 bis 129 000 Tonnen schwimmendem Plastikmüll mittlerweile eine Fläche von 1,6 Millionen Quadratkilometern, das entspricht 4,5-mal der Fläche Deutschlands. Auch andere Meeresregionen sind stark betroffen. Das Mittelmeer gilt momentan als genauso stark mit Plastikmüll belastet wie die ozeanischen Wirbel. Da durch die Straße von Gibraltar, die kleine Meeresöffnung zwischen Spanien und Marokko, mehr Oberflächenwasser vom Atlantik hinein- als aus dem Mittelmeer herausströmt, gibt es so gut wie kein Entkommen. Das Mittelmeer wird so zur Plastiksammelstelle. Schätzungen zufolge haben sich 1000 bis 3000 Tonnen Plastikmüll dort angesammelt, damit erreicht das Meer Konzentrationen, die denen der Wirbel in nichts nachstehen. Anhand von Modellrechnungen mit den weltweit gesammelten Daten wissen wir, dass mittlerweile mehr als fünf Billionen Plastikteile an der Oberfläche des Ozeans schwimmen. Diese haben ein Gewicht von über 260 000 Tonnen. Aber ist das wirklich alles Plastik im Meer?

Im Jahr 2015 kalkulierte die Wissenschaftlerin

Jenna Jambeck mit ihrem Team anhand von Mülldaten aller an der Küste lebenden Bevölkerungen, dass allein im Jahr 2010 4,8 bis 12,7 Millionen Tonnen Plastik im Meer gelandet sind. Um das Ausmaß etwas bildlicher zu machen: Das entspricht im Schnitt einer Masse von 69 Katzen, die pro Sekunde ins Meer geworfen werden. Was natürlich hoffentlich niemand tut. Der meiste Eintrag kommt hierbei von schlecht gehandhabtem Müll. Also Müll, der wahllos in die Umwelt geschmissen wurde, Müll von illegalen Müllhalden oder schlecht geführten oder angelegten Mülldeponien, aus denen Material in die Umwelt gelangt. Dieser Müll kann mit der Zeit durch Wind, Regen, Überschwemmungen, Stürme, über Flüsse oder Abwasser ins Meer geraten. Und ja, dazu zählt auch die achtlos am Strand weggeworfene Kippe oder die Müsliriegelverpackung, die man noch auf den Öffentliche-Mülleimer-Jengaturm obendrauf gebastelt hat und die sich dort sicher nicht bis zur nächsten Leerung gehalten hat. Das meiste von diesem Müll ist Einwegplastik, also Dinge, die wir nur für kurze Zeit nutzen wie Tüten, Geschirr, Verpackungen, Flaschen, Flaschendeckel oder Zigarettenstummel. Wir haben bis zum Jahre 2015 weltweit 6,3 Milliarden Tonnen Plastikmüll produziert. Davon wurden nur 9 Prozent recycelt, 12 Prozent wurden verbrannt, und 79 Prozent liegen auf Mülldeponien oder irgendwo in der Umwelt herum. Wenn wir die Handhabung unseres Mülls nicht verbessern, könnte sich die Menge, die im Meer landet, bis 2025 sogar verzehnfachen.

Neben dem schockierenden Ausmaß an Plastik, das wir in die Meere leiten, war ein Resultat von Jambecks Studie besonders spannend: Im Meer muss viel mehr Plastik sein, als wir dachten. Denn wenn wir die vorher erwähnten 260 000 Tonnen an der Oberfläche des Meeres betrachten, wird klar: Das sind schon deutlich weniger als die mindestens fünf Millionen Tonnen, die alleine 2010 ins Meer gelangt sein müssen. Daher wissen wir, dass nicht einmal ein Prozent des gesamten Plastiks, das in den letzten Jahrzehnten im Meer gelandet ist, an der Oberfläche schwimmt. Wo sind also die restlichen 99 Prozent hin? Und können die für das Meer und uns zum Problem werden?

Das Wort Plastik, die umgangssprachliche Bezeichnung für Kunststoffe, stammt vom griechischen Wort »plastico«, das so viel bedeutet wie »formbar«. Denn das ist eine der entscheidenden Eigenschaften von Plastik: dass es sich mittels Erwärmung zu allen erdenklichen Gestalten formen lässt. Dazu kommt, dass es günstig in der Produktion, extrem haltbar, robust und superleicht ist. Kein Wunder also, dass es seit den 1950er-Jahren erfolgreich Einzug in unser aller Leben gehalten hat. So erfolgreich, dass bis ins Jahre 2015 weltweit 8,3 Mil-

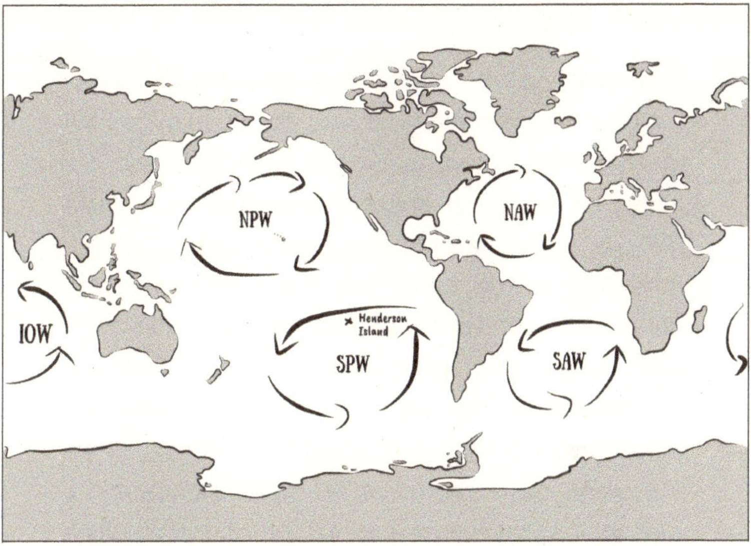

Die fünf ozeanischen Wirbel, in denen sich das Plastik sammelt. Nordpazifikwirbel (NPW), Südpazifikwirbel (SPW), Nordatlantikwirbel (NAW), Südatlantikwirbel (SAW) und Indischer-Ozean-Wirbel (IOW). Da die Wirbel weit draußen auf hoher See liegen, braucht das Plastik ein paar Jahre, bis es dort angelangt ist. Die unbewohnte Insel Henderson Island liegt mitten im Südpazifikwirbel.

liarden Tonnen davon produziert wurden. Das entspricht ungefähr 29-mal dem Gewicht der gesamten menschlichen Bevölkerung oder, für Tierfreunde, dem Gewicht von 83 Millionen Blauwalen.

Plastik sind künstlich gefertigte Polymere, also Kohlenwasserstoffverbindungen, die hauptsächlich aus Erdöl hergestellt werden. Es gibt sehr viele verschiedene Arten von Plastik, die für verschiedenste

Anwendungen genutzt werden. Die häufigsten Plastikarten sind Polyethylen (PE, findet man im Joghurtbecher), Polypropylen (PP, der Grundstoff der allgegenwärtigen Plastiktüte) und Polyvinylchlorid (PVC, Hauptbestandteil von Schallplatten oder PVC-Bodenbelag). Außerdem sind wahrscheinlich jedem die Limo-Flasche aus Polyethylenterephthalat (PET) und der To-go-Kaffeebecher aus Polystyrol (PS) ein Begriff. Mit 42 Prozent wurde fast die Hälfte des jemals produzierten Plastiks für Verpackungen genutzt, ein weiterer großer Teil der Plastiknutzung fällt auf den Bausektor und die Textilindustrie. Plastik hat viel Gutes gebracht und sogar Leben gerettet, es ist beispielsweise in der Medizin mit Einwegspritzen, Blutbeuteln und Verpackungen, um Verbände steril zu halten, unabdingbar geworden.

Die Kehrseite der Medaille ist allerdings seine gerade eben angepriesene tolle Haltbarkeit. Plastik zersetzt sich in der Umwelt nicht. Durch Photooxidation, einer Reaktion, bei der mit Sauerstoff und UV-Licht (also Sonnenstrahlen) die Polymerketten brechen, wird es mürbe und zerfällt dann in immer kleinere Teile, in sogenanntes Mikroplastik. Immer kleiner, immer kleiner und immer kleiner, bis es so winzig ist, dass wir es zumindest nicht mehr messen können. Aber ist es dann auch wirklich weg? Das wissen wir nicht. Und allein dieser Zerfallvorgang kann schon Hunderte bis Tausende von Jahren dauern, also deutlich zu lange. Dasselbe passiert natürlich auch mit Plastik im Meer, zumindest, wenn es an der Oberfläche schwimmt und dem Sonnenlicht ausgesetzt ist. Tatsächlich ist es nämlich so, dass nicht alles Plastik schwimmt. Das hängt mit der Dichte des Plastiks sowie mit seiner Form zusammen. PET beispielsweise schwimmt eigentlich nicht, aber in Form einer mit Luft gefüllten Plastikflasche schwimmt es eben doch. Zusätzlich sammeln sich über die Zeit Mikroorganismen wie Algen und Bakterien auf dem Plastik und wachsen dort. Sie beschweren das Plastik, und früher oder später fangen dann auch die schwimmenden Teile an zu sinken. So ist es nicht verwunderlich, dass Victor Vescovo, als er im April 2019 mit 10 928 Metern einen neuen Tieftauchrekord im Marianengraben aufstellte, von einer Plastiktüte begrüßt wurde. Auch an anderen Stellen in der Tiefsee finden WissenschaftlerInnen immer wieder jede Menge Plastik. Dank Tauchrobotern und tiefseegeeigneten Kamerasystemen können sie sich sprichwörtlich ein Bild vom Zustand des Meeresbodens machen, und der ist leider übersät mit unserem Plastikmüll. Erstaunlicherweise ist das unabhängig davon, ob Menschen in der Nähe sind. Selbst der Meeresboden an abgeschiedenen Orten wie der Arktis ist voll mit Müll. Eine Studie zeigt, dass sich am Meeresboden der Framstraße über die Jahre 2002 bis 2011 die Zahl von

3635 auf 7710 Müllteile pro Quadratkilometer mehr als verdoppelte. Damit hat die Arktis eine ähnliche Müllkonzentration wie die Tiefsee-Canyons vor der Küste Lissabons, in denen Konzentrationen von bis zu 6600 Müllteilen pro Quadratkilometer gemessen wurden. Was mit dem Plastik passiert, das dort unten liegt, ist unklar. Da in diese Tiefe kein Sonnenlicht einfällt und so auch keine Photooxidation stattfinden kann, wird es wahrscheinlich über die kommenden Jahrtausende hinweg einfach von herunterschwebendem Sediment begraben werden. Bei einer Langzeitstudie, die eigentlich die Auswirkungen von Tiefseebergbau auf das umliegende Ökosystem untersuchte, konnten WissenschaftlerInnen zufällig auch den Abbau von Plastik in der Tiefsee studieren. Denn tatsächlich bargen sie Müll, eine Plastiktüte und einen Quarkbecher, aus über 4000 Meter Tiefe. Aufgrund der Lage des Mülls und dem Aufdruck wurde klar, dass die Plastiktüte auf ihrer vorherigen Expedition von 1989 und der Quarkbecher 1992 oder 1996 von ihrem eigenen Forschungsschiff ins Meer gefallen sein musste. Auch WissenschaftlerInnen benehmen sich nicht immer vorbildlich. Sie wussten nun also genau, dass dieses Plastik schon seit über 20 Jahren dort unten lag, und konnten doch keinerlei Zeichen von Zerfall oder Brüchigkeit feststellen, was wahrscheinlich auf die fehlende Sonneneinstrahlung, die Kälte und die geringe Wasserbewegung zurückzuführen ist. Interessanterweise stellten sich bei der Studie von Plastiktüte und Quarkbecher auch heraus, dass das Plastik zumindest für die Bakterien dort unten den Lebensraum so veränderte, dass sich die Artzusammensetzung der Bakteriengemeinschaft auf dem Plastik sehr stark von der Bakteriengemeinschaft auf dem umliegenden Meeresboden unterschied.

Bevor das Plastik bis nach ganz unten auf den Grund des Meeres gelangt, muss es erst einmal durch die gesamte Wassersäule nach unten sinken. Der Verbleib von Plastik in der Wassersäule ist erst in den letzten Jahren in den Fokus der Wissenschaft gerückt und brachte interessante Ergebnisse. Im Wasser bis auf 2000 Metern unter dem Pazifischen Müllstrudel befindet sich tatsächlich Mikroplastik, besonders Partikel, die kleiner als 1,5 Millimeter messen. Die Konzentration nimmt jedoch im Vergleich zur Oberfläche ab. Es macht den Eindruck, als ob schwimmendes Plastik, wenn es langsam kleiner wird, in tiefes Wasser ausfällt, so wie Milch ausflockt, wenn man Zitronensaft dazu gibt.

Bevor das schwimmende Plastik absinkt, wird vieles auch einfach wieder zurück an Land gespült. Mit Glück wird es dort von umsichtigen Menschen eingesammelt, aber das passiert natürlich nur, wenn der Müll in bewohnten Gebieten anlandet. Ansonsten können sich richtige Massen an Plastik anhäufen. Als ForscherInnen die Strände der unbewohnten Insel Henderson Island absammelten und durchsiebten – ja, der Sand dort wurde mittels eines Siebes nach kleinen Plastikteilen durchsucht –, lagerten dort um die 37,7 Millionen Plastikteile mit einem Gewicht von 17,6 Tonnen. Und jeden Tag werden pro Meter 26 neue Teile angeschwemmt. Das ist bemerkenswert, nicht nur, weil die Insel unbewohnt ist, sondern auch, weil sie fernab von jeglicher Zivilisation inmitten des Pazifiks zwischen Peru und Neuseeland liegt. Manche Müllteile wie Bojen oder Netze konnten Fischereitätigkeiten zugeschrieben werden, aber da auf einigen Plastikteilen noch der spanische Aufdruck zu erkennen war, geht man davon aus, dass der Südpazifische Wirbel das Plastik von der Küste Südamerikas nach Henderson Island trug. Auch im Eis der Arktis und der Antarktis lagert sich unser Müll ab, was hohe Konzentrationen von Mikroplastik in Eisbohrkernen bestätigen. So bleiben selbst vom Menschen unberührte Flecken Erde nicht mehr von unserem Müll verschont.

Es gibt noch einen weiteren, wahrscheinlich eher unerwarteten Ort, an dem Teile des Plastiks sein könnten: in Tieren. Denn leider ist es so, dass Tiere, egal, ob groß oder klein, Plastik fressen. Das hat verschiedenste Gründe. Filtrierer, die Wasser eigentlich nach Mikroorganismen und organischen Partikeln durchfiltern, nehmen die kleinen Plastikteile versehentlich mit auf, sie haben schlicht keine andere Wahl. Schildkröten, deren Leibgericht Quallen sind, fressen irrtümlich Plastiktüten, da diese selbst für Menschen im Wasser leicht mit Quallen zu verwechseln sind. Fische oder Vögel fressen möglicherweise ganz gezielt Plastikmüll, da die Plastikteile optisch ihrer Beute ähneln oder der Algenbewuchs darauf das Plastik appetitlich duften lässt. Ein paarmal Plastik zu fressen, ist wahrscheinlich nicht dramatisch, das haben wir alle als Kind gemacht, aber wenn man statt richtiger Nahrung nur noch Plastik zu sich nimmt, wird man elendig verhungern. Sehr problematisch wird es auch, wenn spitze oder scharfe Kanten des Plastiks den Magen-Darm-Trakt der Tiere verletzen oder die Stücke aufgrund ihrer Größe, da sie ja nicht verdaut werden können, den Magen nicht mehr verlassen. Wie viel Plastik Tiere fressen und wie viele dieser Tiere daran sterben, wissen wir nicht. Obwohl tote, gestrandete Tiere oft Plastik im Magen haben, kann man meist nicht sicher sagen, dass dies auch die Todesursache war. Aber Meldungen von gestrandeten Walen und Delfinen mit plastikgefüllten Mägen werden in letzter Zeit häufiger. Als Anfang 2016 30 Pottwale in der Nordsee strandeten, fand man in den Mägen von neun von ihnen große Mengen von Plastikmüll. Stücke eines Krabbenfangnetzes, ein Eimer und sogar die Plastikabdeckung eines Motors wurden aus den

Mägen gezogen. Ein Tier hatte fast 25 Kilo Plastik geschluckt. Mittlerweile wurde in 43 Prozent aller Walarten, in 36 Prozent aller Seevogelarten sowie in etlichen Fischarten und in 100 Prozent aller Meeresschildkrötenarten Plastik gefunden. Da Eissturmvögel nur auf hoher See fressen, wird ihr Mageninhalt mittlerweile als Indikator genutzt. Und das sieht meist nicht gut aus. Fast 93 Prozent der an der Nordsee zwischen 2015 und 2019 tot aufgefundenen Eissturmvögel hatten Plastik in ihren Mägen und spiegeln so den Verschmutzungsgrad der Nordsee wider. Durch diese andere Art des Plastikkonsums könnten sich weltweit bis zu 100 000 Tonnen Plastik in Tieren befinden.

Die letzte Möglichkeit, was dem verlorenen Plastik widerfahren sein könnte, ist der Zerfall. Eventuell ist ein Teil des Plastiks mittlerweile so weit zerfallen, dass wir es mit unseren momentan verfügbaren Methoden einfach nicht mehr messen können. Wie vorhin schon erwähnt, zerfällt Plastik irgendwann in Mikroplastik, also Plastikstücke, die kleiner als fünf Millimeter sind. Das sogenannte primäre Mikroplastik wird schon in dieser Größe produziert und findet beispielsweise Verwendung in Peelings oder anderen Kosmetikprodukten. Das sekundäre Mikroplastik entsteht aus großen Plastikteilen, die durch Sonnenlicht, Wärme oder durch Wellenkräfte mürbe werden und langsam zu immer kleineren Teilchen zerbrechen. Auch durch Gebrauch, beispielsweise Abrieb bei Reifen oder Schuhsohlen, kann Mikroplastik entstehen. Mikrofasern, die beim Waschen von synthetischer Kleidung abbrechen, zählen ebenfalls dazu. Aufgrund der geringen Größe der Plastikteile sind sie für uns nur schwer und mit erheblichem Aufwand messbar. Neue Methoden wie das sogenannte Fourier-Transform-Infrarotspektrometer haben es in den letzten Jahren möglich gemacht, auch Mikroplastik, das sich nicht mehr mit dem Auge identifizieren lässt, zu messen. Hierbei wird ein Filter, durch den Meerwasser gelaufen ist, mittels eines Mikroskops und eines FTIR-Spektrometers analysiert. Durch Infrarotstrahlung werden die Moleküle der Mikropartikel in Schwingungen gebracht, die vom Spektrometer gemessen werden. Wie genau sie schwingen, hängt mit der Zusammensetzung ihres Materials zusammen und kann wie ein Fingerabdruck zur Identifikation genutzt werden. So kann selbst bei winzig kleinen Teilchen bestimmt werden, ob und aus welchem Plastik sie bestehen. Seit Anwendung dieser Methode steigen die gemessenen Konzentrationen von Mikroplastik kontinuierlich an, nicht unbedingt, weil sie in der Natur ansteigen, sondern weil sie davor noch nicht so akkurat messbar waren. So zeigte sich erst kürzlich, dass sich in den oberen 200 Metern des Atlantiks Massen an Mikroplastik in Größen zwischen 32 und 651 Mikrometern befinden. Laut Hochrechnungen könnten 11 bis 21 Millionen Tonnen Plastik in dieser Form im Atlantik verteilt sein. Das lässt vermuten, dass das verlorene Plastik in solchen Mini-Bruchstücken über die gesamte Wassersäule verteilt ist und nur aufgrund fehlender Messmethoden bisher einfach noch nicht berücksichtigt werden konnte. Neuen Schätzungen zufolge liegen mindestens 14 Millionen Tonnen Mikroplastik über den gesamten Meeresboden verteilt herum.

Zerfällt das Mikroplastik noch weiter und wird kleiner als 100 Nanometer, spricht man von Nanoplastik. Messungen von Nanoplastik in der Umwelt sind noch schwieriger und bisher kaum möglich, daher können Konzentrationen davon im Meer nur geschätzt werden.

Die häufigsten Müllteile, die beim weltweiten International Coastal Cleanup 2019 *gesammelt wurden:*
1. Platz: Essensverpackungen (Süßigkeitenverpackung, Chipsverpackung und Ähnliches), 4 771 602.
2. Platz: Zigarettenkippen, 4 211 962. 3. Platz: Plastikflaschen, 1 885 833. 4. Platz: Flaschendeckel, 1 500 523.
5. Platz: Strohhalme und Umrührstäbchen, 942 992.

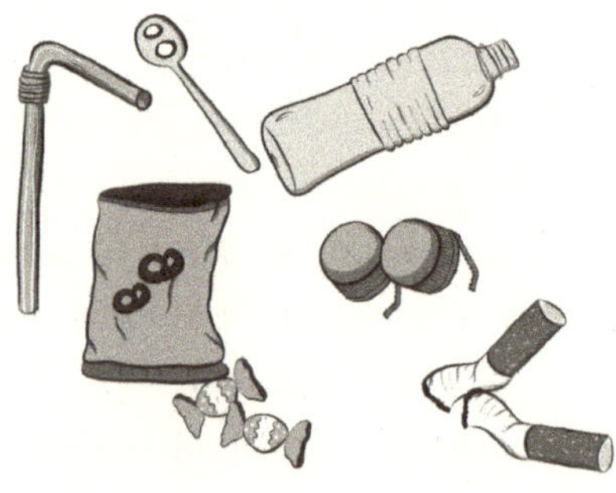

Aber warum ist das Plastik im Meer nun eigentlich ein Problem?

Müll am Strand und im Wasser sieht natürlich einfach nicht schön aus und schreckt Touristen ab, was wirtschaftliche Konsequenzen hat. Auch für den Schiffsverkehr ist es problematisch, da sich das Plastik in Schiffsschrauben festwickelt. Das kann teuer werden, so soll der Müll in asiatischen Gewässern schon bis zu 1,26 Milliarden US-Dollar an Schäden verursacht haben. Aber Plastik ist nicht nur ein ästhetisches oder wirtschaftliches Problem, sondern stellt eine fatale Gefahr für die Tierwelt dar. Zum einen, wenn es wie vorhin schon erwähnt mit Nahrung verwechselt wird. Plastikteile können außerdem verhängnisvolle Fallen für Tiere sein. Allein in US-amerikanischen Gewässern wurden zwischen 2009 und 2018 1800 Tiere aufgefunden, die Plastik im Magen oder sich darin verfangen hatten. Insgesamt waren über 40 verschiedene Arten betroffen, am häufigsten Schildkröten und Säugetiere. In Alltagsgegenständen wie Verpackungsbändern, Tüten und Luftballons verhedderten sich die Tiere besonders häufig. Zudem sind verlorene Fischernetze, die man Geisternetze nennt, sehr problematisch. Einmal ins Netz gegangen, sind die Tiere entweder leichte Beute für Fressfeinde, oder sie verhungern elendig, wenn sie sich nicht doch noch befreien können. Luftatmende Meerstiere wie Schildkröten,

Wale oder Seehunde ertrinken jämmerlich, wenn sie in solch ein Netz geraten. Aber selbst wenn die Befreiung gelingt, können Seilüberreste, die sich am Köper verfangen, Verletzungen und schlimme Entzündungen nach sich ziehen. Es wird geschätzt, dass an die 640 000 Tonnen an Netzen, Angelschnüren, Fisch- sowie Krebsfallen und Ähnlichem jedes Jahr im Meer verloren gehen. Wie viele Tiere dieses Gerät das Leben kostet, ist allerdings unklar.

Dass Plastik schwimmt und nur langsam abgebaut wird, bringt noch ein weiteres Problem mit sich. Es kann so nämlich manchen Tierarten helfen, neue Lebensräume zu erobern. Das geht oft zur Last der dort einheimischen Artenvielfalt. Einige Meerestiere wie Seepocken, Nesseltiere, Algen, Krebse, Muscheln und auch Mikroorganismen fühlen sich auf dem Plastik sehr wohl und können so Tausende von Kilometern weit reisen. Nach dem schrecklichen Tōhoku-Tsunami 2011 wurden in den sechs folgenden Jahren Plastikgegenstände aus Japan bis an die amerikanische Westküste gespült. Mit dabei sage und schreibe 289 verschiedene Arten an Meerestieren, die eigentlich an der japanischen Küste heimisch sind. Wenn nur eine dieser Arten gut im neuen Lebensraum klarkommt, kann sie einheimische Arten verdrängen und so Chaos im ökologischen Gleichgewicht anrichten.

Momentan ist das Mikroplastik in den Fokus der

Aufmerksamkeit gerückt, denn es gibt keinen Ort der Erde, an dem es nicht schon gefunden wurde. Egal, wo im Meer man guckt, man wird Mikroplastik finden. Auch an Land hat es sich überall verteilt, im Boden, auf den höchsten Berggipfeln, bis in die Atmosphäre fliegt das Mikroplastik und lässt nichts unberührt. In unserer Nahrung, in Wasser, Honig, Meersalz und auch in Bier wurde es gefunden, wir können uns ihm also nicht mehr entziehen. Bedeutet es auch ein gesundheitliches Problem für uns, wenn wir Mikroplastik mit unserer Nahrung aufnehmen? Leider wissen wir das nicht, denn es gibt bis jetzt nur wenige Studien, die sich diesem Thema gewidmet haben. Theoretisch haben die klitzekleinen Nanoplastikteile das Potenzial, in Zellen einzudringen. Aber ob das tatsächlich passiert und welche Folgen das haben könnte, ist nicht bekannt. Wir leben nun schon seit über 60 Jahren im Plastikzeitalter, und bisher sind keine Krankheiten, die auf Mikroplastikkonsum zurückgeführt werden können, festgestellt worden. Aber wer weiß, was kommt, wenn sich die Konzentrationen zu stark erhöhen.

Auch das Mikroplastik im Meer wird mit beunruhigtem Auge betrachtet. Kleinstlebwesen konsumieren es oder können sich sogar darin verheddern. Ob das Auswirkungen hat, ist noch nicht klar. Studien, in denen die Reaktion von Plankton oder Filtrierern wie Muscheln auf Mikroplastik erforscht wurde, zeigten negative Auswirkungen auf den Stoffwechsel, Nahrungsaufnahme, Wachstum, Nachwuchs, Entzündungen und erhöhte Sterblichkeit. In Muscheln und Fischen konnte nachgewiesen werden, dass sehr kleine Partikel in Gewebe, Leber und Kiemen wanderten. Beispielsweise führten Mikroplastikpartikel bei der Hälfte der ihnen ausgesetzten Wasserflöhe *Daphina magna* zu einer erhöhten Sterblichkeit. Die in den Experimenten genutzten Mikroplastik-Konzentrationen waren jedoch sehr viel höher als die, die wir momentan in der Natur vorfinden. Die Versuchskonzentration lag bei $8{,}6 \times 10^7$ Partikel pro Liter. Das ist eine millionenfach höhere Konzentration im Vergleich zu den 16 bis 100 Partikeln pro Liter Meerwasser, die momentan höchste Konzentration an Mikroplastik in der Natur, die an der südkoreanischen Küste gemessen wurde. Experimente mit Muscheln und Fischen zeigten, dass Nanoplastikpartikel auch in Gewebe und Zellen eindringen können. Aber hier lagen die Konzentrationen bei den Versuchen ebenso weit über dem, was wir momentan in der Natur vorfinden. Zusätzlich waren die Partikel positiv geladen, was ihnen das Eindringen in die Zellen erleichtert, dass die Nanopartikel in der Natur aber positiv geladen sind, ist sehr unwahrscheinlich.

Wir selbst sind Mikroplastik täglich ausgesetzt,

denn nicht nur in unserem Essen, auch in der Luft schwirrt es herum. Hauptsächlich in Form von Mikrofasern unserer Kleider, Teppiche und Möbel oder Partikeln von Reifenabrieb. Die Mikro- und Nanoplastikforschung ist sehr schwierig, und ob diese Partikel auf Meereslebewesen und auch auf uns wirklich negative Konsequenzen haben, ist momentan noch völlig unklar. Für ein besseres Verständnis brauchen wir mehr Forschung und müssen bessere oder neue Methoden entwickeln. Diese Studien sind also eher ein Blick in die Zukunft, in der die Plastikflut nicht gestoppt wird, als eine Momentaufnahme. Auch die Befürchtung, dass sich Plastik an der Spitze der Nahrungskette ansammelt, konnte bisher nicht nachgewiesen werden. Stattdessen stellte man fest, dass gefressenes Mikroplastik in der Regel schnell wieder ausgeschieden wird und daher eine Ansammlung und Übertragung in der Nahrungskette eher ein kleines Problem darstellt. Viel gefährlicher an Mikroplastik im Meer ist die Anreicherung von langlebigen organischen Schadstoffen, kurz POPs (Persitant Organic Pollutants). Darunter fallen unter anderem Insektizide wie DDT oder Chlordan oder Chemikalien wie PCB. Diese Schadstoffe werden in der Umwelt nur sehr langsam abgebaut, und da sie sich leicht an Staubpartikel kleben können, werden sie mit dem Wind in der ganzen Welt verteilt. Das Problem: Einige dieser Stoffe stehen im Verdacht, krebserregend zu sein, den Hormonhaushalt zu stören oder sogar unfruchtbar zu machen.

Da die POPs hydrophob, also »wasserhassend« sind, genauso wie Plastik, entfliehen die Schadstoffe sozusagen dem Wasser in das Plastik hinein. Das geht jedoch nicht von heute auf morgen, es braucht Monate oder sogar Jahre, bis ein Plastikteil mit Schadstoffen angereichert ist. Dazu kommen noch chemische Zusatzstoffe, die dem Plastik bei der Produktion hinzugefügt werden, um es beispielsweise weich und elastisch zu machen, oder als Feuerschutz dienen. Der Weichmacher Bisphenol A, auch als BPA bekannt, ein Stoff, der das Brüchigwerden von Plastik verhindern soll, steht im Verdacht, hormonstörend und krebserregend zu sein. Aufgrund dessen wurde die Verwendung von BPA in Babyflaschen schon 2011 EU-weit verboten und die Menge an BPA, die in Kunstoffen mit Lebensmittelkontakt sein dürfen, minimiert. Deutschland hat erst kürzlich BPA auf die Liste der Beschränkungsabsichtserklärung gepackt, mit dem Ziel einer Beschränkung des Gebrauchs und der Absicht, einen geeigneten unschädlichen Ersatzstoff zu finden.

Die Befürchtung ist also letztendlich, dass Tiere, die das Plastik konsumieren, damit auch diese POPs und Zusatzstoffe aufnehmen und so in sich anreichern. Das konnte bisher experimentell jedoch nicht nachgewiesen werden. Im Gegenteil, es hat sich sogar gezeigt, dass gerade Tiere am Anfang der Nahrungskette wie Plankton mehr dieser POPs absorbieren als Mikroplastik.

Aus dieser Erkenntnis entspringt auch diese gegensätzliche Theorie: Da Tiere im Wasser diesen Schadstoffen sowieso ausgesetzt sind und sie sich schon in ihrem Gewebe angereichert haben, könnte das konsumierte Plastik die Schadstoffe wieder aus den Tieren herausziehen. Das wäre natürlich praktisch, aber ob so etwas wirklich passiert, ist unklar.

Zusammengefasst muss man also sagen, dass wir noch ziemlich im Dunkeln tappen, was die Risiken von Mikroplastik betrifft. Nichtsdestotrotz sehen wir, dass Plastik Gefahren birgt oder in naher Zukunft bergen wird. Was können wir also tun, um weiteren Schaden zu verhindern? Der ein oder andere möchte sich jetzt vielleicht auf den Berichten ausruhen, dass der meiste Plastikeintrag in das Meer aus Asien stammt und nichts mit uns hier in Deutschland zu tun hat. All diesen Menschen sei aber eine neue Studie von Kara Lavender Law und ihren Kollegen ans Herz gelegt. Dort zeigen sie und ihr Team, dass die USA mit 105 Kilo pro Kopf weltweit den meisten Plastikmüll produzieren, dicht gefolgt von Großbritannien, Südkorea und an vierter Stelle Deutschland mit 81 Kilo pro Kopf. Da ein großer Teil des Plastikmülls aus diesen Ländern exportiert wird, meist in Entwicklungsländer in Asien oder Afrika, landet eben auch amerikanischer oder deutscher Müll dort im Meer. Aufsummiert mit dem Müll, der im Ursprungsland illegal deponiert oder schlecht gehandhabt wird, ist es insgesamt so viel, dass die USA mit ungefähr 1,5 Millionen Tonnen weltweit an dritter Stelle steht, was den meisten Mülleintrag ins Meer betrifft.

Deswegen tragen auch wir sehr wohl eine Mitschuld und müssen an unserem Plastikkonsum arbeiten. Und deshalb ist es auch wichtig, beim eigenen Müll darauf zu achten, dass er nicht in die Umwelt gelangt, und ihn auch einmal ein paar Kilometer bis zur nächsten Mülltonne mit sich herumzuschleppen. Natürlich gilt immer: Jeder vermiedene Müll ist der bessere Müll, weil eben kein Müll. Deswegen ist der Versuch, im eigenen Alltag Plastik zu vermeiden, ein wichtiger, aber auch sehr schwieriger Schritt, denn Plastik wird mittlerweile eigentlich überall genutzt. Wir brauchen also ein Umdenken im Großen und müssen unsere Wirtschaft auf eine sogenannte zirkuläre Wirtschaft umstellen. Das bedeutet, dass im Idealfall jedes genutzte Plastik recycelt und wiederverwertet wird. Momentan sind wir mit einer weltweiten Recyclingquote von neun Prozent wirklich noch steigerungsfähig. Hier muss also die Politik ins Spiel kommen und besonders die Industrie zwingen, die richtigen Schritte zu gehen. Und diese Schritte müssen gut durchdacht sein. Denn nicht jede Lösung ist auch unbedingt sinnvoll.

Beispielsweise ist das oft angepriesene Bioplastik nicht die Erlösung, auf die alle gehofft haben. Es wird zwar aus nachwachsenden Rohstoffen hergestellt, deswegen »bio«, abbaubar in der Umwelt ist es trotzdem nicht immer. Für manche Bioplastiktypen ist der Abbau nur in industriellen Kompostieranlagen mit hoher Temperatur möglich, folglich ist es, wenn es ins Meer gelangt, genauso schädlich wie das altbewährte Plastik. Das spezielle Bioplastik PHA ist zwar in warmem Meerwasser relativ schnell abbaubar, aber in kaltem Wasser oder tief am Meeresgrund, wo Bakterienaktivität viel langsamer abläuft, sieht die Sache leider anders aus.

Die Sauerei, die wir angerichtet haben, in ihrer Gänze aufzuräumen, ist unmöglich, denn selbst mit Hightech-Ausrüstung können oder sollten wir weder das ganze Meer durchfiltern, um Mikroplastik zu entfernen, noch den Meeresboden durchpflügen, um das dort unten liegende Plastik einzusammeln. Wir würden mit solchen Aktionen mehr zerstören als retten. Wir können aber mit Barrieren in Flüssen verhindern, dass noch mehr Plastik ins Meer gelangt, und mit gezielten Aufräumaktionen an Müll-Hotspots zumindest die Verschmutzung etwas minimieren. Deswegen ist es für uns wichtig zu wissen, wo sich das Plastik so rumtreibt und sammelt, um

Aufräumarbeiten zu koordinieren. WissenschaftlerInnen versuchen immer noch herauszufinden, wo sich diese verlorenen Millionen von Tonnen Plastik befinden. Manche sagen, dass der größte Teil des Plastiks am Meeresboden lagert, andere sind der Meinung, dass es in den meisten Fällen wieder zurückgespült wurde und in Küstennähe und an Stränden liegt oder dass es einfach zu Mikroplastik zerfallen ist. Was die Problematik der Plastikverschmutzung der Meere anbelangt, liegt noch sehr viel im Ungewissen. Nichtsdestotrotz verraten uns etlichen Studien, wie eine Verschlimmerung des Szenarios fatale Konsequenzen nach sich ziehen kann, und die gilt es zu vermeiden. Gerade wurde zum ersten Mal Mikroplastik in der Plazenta von ungeborenen Babys nachgewiesen. Unsere Kinder haben also mittlerweile schon Kontakt mit Plastik, bevor sie das Licht der Welt erblicken. Wenn wir nicht wollen, dass sie auf einem Plastikplaneten aufwachsen, sollten wir jetzt handeln.

Haie im Café

Stell dir vor, du liegst an einem weißen Strand. Dein Kopf ist leicht zur Seite geneigt, deine Arme und Beine hast du von dir gestreckt, deine Augen sind geschlossen, und du spürst, wie dich die Sonnenstrahlen auf deiner Haut langsam aufheizen. Es ist still, nur das regelmäßige Rauschen der Wellen, die auf den Strand treffen, durchbricht die Stille. Aber es ist einfach zu heiß, du stehst auf und gehst dem türkisblauen Wasser entgegen. Die Sonne lässt glitzernde Funken auf den kleinen Wellen spielen. Der Sand, aufgeheizt durch die Sonne, ist viel zu heiß, deine Füße brennen, schnell läufst du dem kühlen Nass entgegen und springst vergnügt in die kleinen Wellen, die sich gerade am Strand brechen. Du läufst durch das flache Wasser, bis es tiefer wird, und lässt dich mit einem eleganten Hechtsprung in die Tiefen des Ozeans sinken. Die Sonne hat dich träge gemacht, aber als dein Kopf in das kühle Wasser eintaucht, bist du wieder hellwach. Luft blubbert an deinen Ohren vorbei, als du die Wasseroberfläche durchdringst, und dann ist es einfach nur still, während du durch das Wasser gleitest. Du nimmst einen tiefen Atemzug, als du wieder an die Oberfläche kommst, und schwimmst weiter raus auf das Meer,

Richtung Riff, das sich in der Ferne abzeichnet. Das Wasser wird tiefer, das helle Türkis verwandelt sich in ein immer tieferes Blau. Du hältst inne, drehst dich um und blickst zurück an den Strand. Der leuchtende weiße Sand des Ufers liegt weit hinter dir. Plötzlich bemerkst du eine Bewegung in deinem Augenwinkel. Und als du dich umdrehst, ist da ein großer dunkler Schatten, oder doch nicht? Durch die unruhige Wasseroberfläche ist es schwer, etwas zu erkennen. Doch! Da war der Schatten schon wieder, und er kommt unaufhörlich näher ...

Und was passiert wohl als Nächstes? Hast du damit gerechnet, dass nun ein Hai auftaucht? Realistisch gesehen, ist das eher unwahrscheinlich. Viel wahrscheinlicher ist der Schatten einfach nur ein dunkler Algenhaufen, der am Meeresboden liegt und durch die Wellenbewegung aussieht, als würde er sich bewegen. Vielleicht handelt es sich auch um ein großes Stück Müll, einen Autoreifen zum Beispiel oder einen Plastiksack, mittlerweile schwimmt ja alles Mögliche im Meer herum. Mit etwas Glück ist es eine Schildkröte oder ein Rochen, der seine Bahnen an dir vorbei zieht. Aber warum kommt bei vielen von uns gleich die Angst vor dem Hai hoch, wenn wir uns dieses Szenario vorstellen?

Das hat eventuell mit einem von Steven Spielbergs ersten Kassenschlagern zu tun. Seit 1975 das erste Mal *Der Weiße Hai* über die Kinoleinwand flimmerte, ist der größte Raubfisch der Welt jedem ein Begriff. Wer hat sich nicht beim Zusehen gegruselt, wie sich das riesige Monster entlang den Stränden der fiktiven Insel Amity den Bauch mit Menschen vollschlug? Tonnenweise Kunstblut und explodierende Schiffe, was will man mehr? Wissenschaftliche Studien dazu, ob nach dem Erscheinen des Films die Zahl der StrandbesucherInnen abgenommen hat, gibt es leider nicht. Sicher ist aber: Nach diesem Film hatte so gut wie jeder erst einmal Bammel, wieder im Meer zu schwimmen. Ich bin da keine Ausnahme, auch wenn ich Haie liebe und finde, dass sie wunderschöne und faszinierende Tiere sind. Wenn ich alleine im offenen Meer herumschwimme und nicht sehen kann, was unter mir los ist - die Situation entsteht manchmal beim Tauchen, wenn man als Erster vom oder als Letzter auf das Boot klettert -, finde ich das auch oft unheimlich. Falls es euch ebenso geht: Wir sind da nicht allein. Studien haben herausgefunden, dass jeder vierte Ängste, die sich beim Gucken von Horrorfilmen in der Kindheit entwickelt haben, bis weit in das Erwachsenenalter mit sich trägt. Die Filme, die am häufigsten Spuren hinterlassen haben, waren *Poltergeist, Blair Witch Project, Scream* - und an erster Stelle *Der weiße Hai*. Viele StudienteilnehmerInnen hatten auch im Erwachsenenalter noch ein ungutes Gefühl beim Baden im Meer oder vermieden es ganz.

Bei manchen ging die Angst sogar so weit, dass sie sich selbst in Seen oder Schwimmbädern, in denen ganz bestimmt keine Haie herumschwimmen, nicht mehr ins Wasser trauten. Wenn ihr also wollt, dass eure Kinder mit euch noch Strand- oder Campingurlaub machen, vermeidet unter allen Umständen, dass sie die oben genannten Filme sehen. Peter Benchley, dem Autor des Buches *Der Weiße Hai*, auf dem der Film basiert, tat es übrigens im Nachhinein unglaublich leid, dass er das Image der Haie so zerstört hat. Er engagierte sich deshalb bis zu seinem Tod aktiv für den Ozean- und Haischutz.

Aber nicht nur Steven Spielberg ist schuld an dem Dilemma, auch Medien tragen ihren Teil zu unserer Haiangst bei. Über Haiangriffe wird oft reißerisch berichtet, selbst in Naturdokumentationen kommt bedrohliche Hintergrundmusik zum Einsatz, wenn Haie im Bild erscheinen. Das alles hat dazu geführt, dass Haie als blutdurstige Bestien gelten. Aber ist diese Angst eigentlich begründet?

Das International Shark Attack File (ISAF) sammelt und dokumentiert weltweite Berichte über Haiangriffe. Auch sehr alte Berichte werden in das Archiv aufgenommen, die älteste geführte Dokumentation eines Hainangriffes stammt aus dem 16. Jahrhundert. Dem ISAF zufolge gibt es weltweit pro Jahr etwa 70 bis 100 unprovozierte Haiangriffe, von denen 5 bis 15 tödlich enden. Unprovoziert bedeutet, dass der Angriff überraschend kam und vorher keinerlei Kontakt mit dem Hai stattfand. Ein Surfer, der plötzlich von einem Hai ins Bein gebissen wird, wäre ein solcher unprovozierter Angriff. Im Gegensatz dazu wäre ein provozierter Angriff dieser Fall, der im Internet zu sehen war: Ein Taucher streichelt einen Hai und küsst ihn auf den Mund. Der Hai küsst jedoch nicht zurück, sondern verbeißt sich in die Lippe des Tauchers. Ich weiß nicht, ob das ein Fetisch ist, rate aber ganz dringend vor Nachahmung ab. Unter den Haien, die in die meisten Angriffe verwickelt sind, ist der Weiße Hai führend. Danach kommt der Tiger- und dann der Bullenhai. Das ist deshalb nicht verwunderlich, da diese Haie zu den größten Haifischarten gehören und der Mensch größenmäßig in ihr Beuteschema passt. Die meisten Haiangriffe passieren übrigens in Florida mit 236 Angriffen, danach folgen Australien mit 140 Angriffen und Hawaii mit 72 Angriffen der weltweit 794 dokumentierten Angriffe aus den Jahren 2010 bis 2019. Die Zahl der Haiangriffe ist übrigens in den letzten Jahrzehnten gestiegen. Das liegt nicht daran, dass Haie aggressiver geworden sind oder Menschenfleisch das neue Superfood der Hipsterhaie ist, sondern zum einem am Wachstum der menschlichen Population und zum anderen daran, dass sich mehr Menschen im Wasser aufhalten. Wassersportaktivitäten werden immer beliebter. Surfer und

Bodyboarder sind am häufigsten in Angriffe verwickelt. Mit Aufkommen des Surfsports in den 1970er-Jahren stieg auch die Zahl der Haiangriffe. Die Sterberate ist allerdings gesunken. Das liegt an besserer und schnellerer medizinscher Versorgung und der spezifischeren Ausbildung von Rettungsschwimmern. 5 bis 15 Todesfälle aufgrund von Haiangriffen pro Jahr, das ist, statistisch gesehen, so gut wie nichts. Das bedeutet, die Wahrscheinlichkeit, wegen eines Haiangriffes zu sterben, ist 1:3 748 067. Und für diejenigen, die sich jetzt denken, »Ach, surfen, da fahr ich doch lieber Skateboard«: In den USA sind zwischen 1999 und 2010 pro Jahr im Schnitt 74 Menschen beim Ski-, Rollschuh- und Skateboardfahren tödlich verunglückt. Sich vor Angst einfach in sein Bett verschanzen ist auch keine gute Lösung. Zwischen 2004 und 2010 starben pro Jahr im Schnitt 668 Menschen beim Aus-dem-Bett-Fallen. Wir lernen also: Nirgends ist man sicher!

Aber Haie sind echt das Letzte, vor dem wir Angst haben sollten. Ganz im Gegenteil: Sie sind unglaublich faszinierende Tiere, über die wir immer noch sehr wenig wissen. Denn es ist für WissenschaftlerInnen relativ schwer, ihnen zu folgen. Wo genau sich Haie im Wasser aufhalten und wo sie überall hinschwimmen oder eben nicht, ist schwer zu beobachten, da sie zum einen ziemlich schnell unterwegs sein können, aber hauptsächlich natürlich, weil das Wasser die Sicht versperrt.

Früher dachte man, dass Weiße Haie sich hauptsächlich in Küstennähe aufhalten, da sie sich (unter anderem) von Robben ernähren. Deshalb findet man vor allem dort größere Ansammlungen dieser Haie, wo es viele Robben gibt. Die weltweit bekanntesten Orte für ein »Meet and Greet« mit dem berühmt-berüchtigten Raubfisch liegen nahe der Robbenkolonien an den Küsten vor Australien, Südafrika, Kalifornien und Baja California. Schon damals war bekannt, dass die Haie sich nicht das ganze Jahr über bei diesen Kolonien aufhalten. Aber wo sie sich den Rest der Zeit rumtreiben, blieb ein Rätsel. Wie so oft brachten hier neue Technologien Licht ins Dunkel, und die Entwicklung von speziellen Peilsendern führte Anfang der 2000er-Jahre zum Durchbruch, um Meerestiere auf ihren langen Reisen durch die Ozeane zu begleiten. Diese Sender können nicht nur die geografische Position eines Tieres messen, sondern auch verschiedene Umweltparameter. So zum Beispiel den Umgebungsdruck, woraus man wiederum die Wassertiefe ermitteln kann, in der sich das Tier aufhält. Die Sender zeichnen außerdem die Wassertemperatur auf und auch die Geschwindigkeit, mit der das Tier unterwegs ist. All diese Werte werden je nach System und Programmierung mehrere Male pro Minute gemessen.

Es gibt zwei verschiedene Sendertypen, die häufig in der Haiforschung eingesetzt werden. Meistens werden PAT-Sender genutzt, weil man diese am Hai anbringen kann, ohne ihn dafür fangen zu müssen. PAT steht für Pop-up Archival Tags, was so viel bedeutet wie »auftauchendes Archiv«. Die PATs werden mit einem speziellen Speer unterhalb der Rückenflosse durch die robuste Haihaut gestochen und mithilfe eines Widerhakens in der Muskulatur verankert. Das klingt dramatischer, als es ist, es geht sehr schnell und ist relativ stressfrei für den Hai. Sobald der PAT im Hai verankert ist, startet er seine Messungen der geografischen Position des Haies in vorab programmierten Zeitabständen, zum Beispiel zwei Minuten. Da sich der Hai und damit auch der PAT zumeist unterhalb der Wasseroberfläche befinden und sich die Sender deshalb nicht mit einem Satelliten verbinden können, laufen diese Messungen nicht über GPS. Der PAT misst stattdessen die Lichtverhältnisse, die um den Hai herum herrschen. Anhand dieser Daten kann man den Sonnenstand und damit die geografische Position des Tiers ermitteln. Dieses System hat natürlich seine Tücken, denn wenn der Hai so tief taucht, dass kaum noch Licht zu sehen ist oder das Wasser sehr trübe ist, wird es schwierig, seine Position zu bestimmen. Daher können diese Messungen ungenau werden. Diese geografischen Messungen wie auch die gemessenen Umweltparameter werden intern auf dem PAT gespeichert. Der PAT bleibt so lange am Hai verankert, bis er sich, an einem vorher einprogrammierten Datum, von selbst losmacht und an die Wasseroberfläche treibt. So eine Beobachtung geht in der Regel einige Monate, kann aber auch bis zu einem Jahr dauern. An der Wasseroberfläche angekommen, sendet er die gespeicherten Daten und seine aktuelle Position an einen Satelliten und so zu den WissenschaftlerInnen. Diese stehen meist in der Nähe bereit, denn sie haben sich passend zum vorher einprogrammierten Datum aufs Meer aufgemacht zu dem Ort, an dem sie den PAT erwarten. Stundenlang suchen sie das Meer ab, in der Hoffnung, diesen handgroßen Datenschatz zwischen den Wellen zu entdecken. Selbst wenn der Sender mit leuchtenden Farben markiert ist, gleicht diese Suche der bekannten Nadel im Heuhaufen. Umso größer ist dann natürlich die Freude, wenn tatsächlich ein PAT geborgen werden kann. Es ist nämlich so, dass per Satellit nur eine Zusammenfassung der gesammelten Daten verfügbar ist. Das heißt, um die hochaufgelösten Daten mit allen Messungen zu bekommen, muss unbedingt noch der auf dem Meer treibende Sender gefunden werden.

Die andere Variante der Sender sind Transmitter, die mit Satelliten verbunden sind, wie die SPOT-Sender. SPOT steht für Smart Position Only/Temperature Transmitting Tags, es ist also ein Sender, der ganz schlau die Position und die Temperatur übermittelt. Das »schlaue« am SPOT ist, dass er sich das Markenzeichen der Haie zunutze macht. Er wird nämlich an der berühmt-berüchtigten Rückenflosse des Haies angebracht. Denn, wie man es aus diversen Filmen schon kennt, die Rückenflosse vieler Haie ragt immer wieder aus dem Wasser heraus, wenn sie an der Oberfläche schwimmen, und somit kann der SPOT Kontakt zu Satelliten aufnehmen. Das heißt, er funkt jedes Mal, wenn er aus dem Wasser ragt, seine geografische Position an einen Satelliten. Der Hai schickt also jedes Mal ein »Hallo!« an die WissenschaftlerInnen, wenn er an die Oberfläche kommt, und die können so lange sein Bewegungsprofil in Echtzeit mitverfolgen, bis der Sender den Geist aufgibt. Die Halterung ist so entworfen, dass sie nach ein bis zwei Jahren durch Korrosion brüchig wird und abfällt. Was der SPOT also »schlauer« macht als der PAT, ist, dass er Daten in Echtzeit übermittelt, und diese per Satellit bestimmten Positionsdaten sind dazu noch genauer als die lichtabhängigen PAT-Messungen. Das Problem der SPOTs ist allerdings, dass man den Hai fangen und aus dem Wasser hieven muss, um sie anzubringen. Dazu müssen nämlich Löcher in die Rückenflosse gebohrt werden. Das ist zum einen aufwendig: Man braucht ein großes Schiff und das dementsprechende Equipment. Zum anderen ist es natürlich ein ziemlich stressiges Unterfangen für Haie und Menschen. So einen großen, schweren und starken Hai zu fangen, auf ein Schiff zu hieven, zu fixieren, zu beproben, zu markieren und ihn dabei so wenig wie möglich zu stressen und zu verletzen, stellt eine nicht gerade leichte Aufgabe dar. Eine andere Problematik der SPOTs ist, dass die Rückenflosse oft nur kurz aus dem Wasser ragt und der SPOT nicht schnell genug einen Satelliten lokalisieren kann, um seine Position zu bestimmen. Daher ist es für WissenschaftlerInnen optimal, beide Sendertypen zu verwenden.

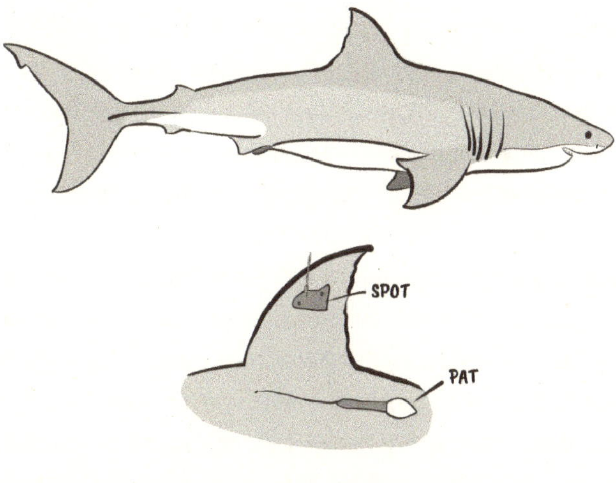

Weiße Haie, benannt nach ihrem auffälligen weißen Bauch, können bis zu acht Metern lang werden. SPOT- und PAT-Sender werden an der Rückenflosse des Haies angebracht.

Manch einer denkt sich nun vielleicht: Das ist doch optimal, warum ist denn nicht schon jeder Hai mit so einem Peilsender ausgestattet? Damit könnte man ja ein super Warnsystem für Surfer und Badegäste einrichten. Wenn man immer genau weiß, wo sich die Haie aufhalten, kommen Mensch und Fisch sich nicht mehr in die Quere. Aber natürlich sind diese Expeditionen und die Sender teuer. Die Sender alleine kosten schon mehrere Tausend Euro, und sie sind recht unzuverlässig, wenn es darum geht, am Hai dranzubleiben. Viele der Sender gehen verloren, weil sie sich vor der geplanten Zeit vom Hai lösen. Grund dafür kann eine fehlerhafte Setzung der Sender sein, aber manche Tiere versuchen auch gezielt, die Sender loszuwerden, indem sie sich beispielweise am Meeresboden reiben. Es wurde auch schon beobachtet, dass Haie oder andere Raubfische in die Sender ihrer Artgenossen beißen und sie so zerstören. Dieses trotzige Verhalten ist nachvollziehbar, denn die Sender sind für die Haie schon eher eine nervige Angelegenheit. Sie stören den perfekt angepassten, optimal hydrodynamischen Körperbau und können so das Schwimmen verlangsamen. Auch das Aussehen der Sender kann zum Problem werden. Sind die Sender mit leuchtenden Farben markiert, hilft das zwar den WissenschaftlerInnen, den abgelösten Sender im Wasser wiederzufinden, es kann aber auch einer Robbe helfen, einen Hai zu erspähen, der sich heimlich im trüben Wasser von unten anschleicht. Gut für die Robbe, nicht so gut für den Hai.

Die Sender stehen außerdem in der Kritik, weil sie wie ein Piercing in der Haut oder Flosse des Haies verankert werden, ihn dadurch verletzen können und so eine Angriffsfläche für Infektionen bieten. Schlimmer wird es, wenn sich die Sender nicht wie geplant nach einer gewissen Zeit lösen. Dann können sie zu starker Vernarbung und zu Langzeitschäden an der Rückenflosse führen. Die Rückenflosse ist wichtig, da sie dem Hai, wie die Finne an einem Surfboard, beim schnellen Schwimmen Stabilität im Wasser gibt. Daher ist es unerlässlich, genau abzuwägen, wann und wie ein solcher Peilsender einzusetzen ist, sodass möglichst wenig Schaden verursacht wird, aber gleichzeitig die Forschung und damit auch der Haischutz mit möglichst vielen Daten profitiert.

Das *SharkSmart* Projekt in Australien testet momentan übrigens tatsächlich ein Warnsystem mit Sendern. Hierfür werden akustische Sender eingesetzt. Diese werden dem Tier im Bauchraum unter die Haut implantiert, wo sie, ohne das Tier zu stören oder zu behindern, bis an das Lebensende verweilen. Jeder Sender hat ein einzigartiges akustisches Signal, das er abgibt, wenn er sich in der Nähe einer im Meer stationierten Empfangsstation, auch

Horchstation genannt, befindet. Diese Empfangsstation leitet die Informationen dann in Echtzeit an die *SharkSmart*-App oder an Twitter weiter, sodass man sich während eines Strandbesuches online über unerwünschten Haibesuch informieren kann. Aber auch dieses System ist sehr teuer und die Markierung von so vielen Tieren enorm aufwendig. Wenn es jedoch hilft, unglückliche Aufeinandertreffen von Mensch und Fisch zu vermeiden, Ängste abzubauen und gleichzeitig wichtige Daten für die Forschung zu sammeln, ist es doch vielleicht eine sinnvolle Investition.

All diese verschiedenen Arten von Sendern erlaubten nun WissenschaftlerInnen ganz neue Einblicke in das Leben der weißbäuchigen Raubfische. Es zeigte sich, dass sie gar nicht so küstengebunden sind, wie man vorher dachte, und sie sich durchaus auch auf dem offenen Meer herumtreiben oder sogar ganze Ozeane durchschwimmen. Lange Strecken sind für sie kein Problem. Eine Haidame, Nicole, schwamm 2004 von Südafrika bis Australien und zurück in nur neun Monaten, das sind über 20 000 Kilometer. Als WissenschaftlerInnen Anfang 2000 die Populationen von Weißen Haien im Nordpazifik mithilfe von PAT-Sendern verfolgten, beobachteten sie ein ganz unerwartetes Verhalten. Die Haie, die sie vor der Küste Zentralkaliforniens mit Sendern markiert hatten, schwammen irgendwann alle plötzlich auf den offenen Pazifik in Richtung der Hawaiianischen Inselgruppe. Dabei legten manche fast 4000 Kilometer zurück. Dort angekommen, änderten sie auch ihr Tauchverhalten. In Küstennähe hielten sie sich normalerweise zwischen der Wasseroberfläche und 30 Meter Tiefe auf. Im offenen Ozean hingegen schwammen sie entweder an der Oberfläche oder in 300 bis 500 Meter Tiefe. Sie verbrachten mehrere Monate im offenen Wasser und kehrten dann wieder zurück an die Küste. Dieses Verhalten war keine Ausnahme, über die Jahre zeigte sich, dass diese Reise jedes Jahr wieder angetreten wird. Weiße Haie sind also gar nicht so küstengebunden, im Gegenteil, sie tummeln sich sogar fast die Hälfte des Jahres, im Frühling und Sommer, mitten im offenen Ozean herum. Die ForscherInnen tauften diesen Ort SOFA, kurz für Shared Offshore Foraging Area, auf Deutsch bedeute das so viel wie: Gemeinsamer küstenferner Futtersuchbereich. Klingt aber irgendwie recht blöd, vielleicht hat sich deswegen der viel besser klingende Spitzname *White Shark Café*, also Das Weiße-Hai-Café, durchgesetzt.

Wie der Name schon sagt, vermutet man also, dass die Haie dort auf Futtersuche gehen. Mithilfe von Satellitenaufnahmen wurde die Produktivität dieses Meeresabschnitts bestimmt. Satelliten können die grüne Farbe und somit den Chlorophyllgehalt an der Wasseroberfläche messen. Da im Meer

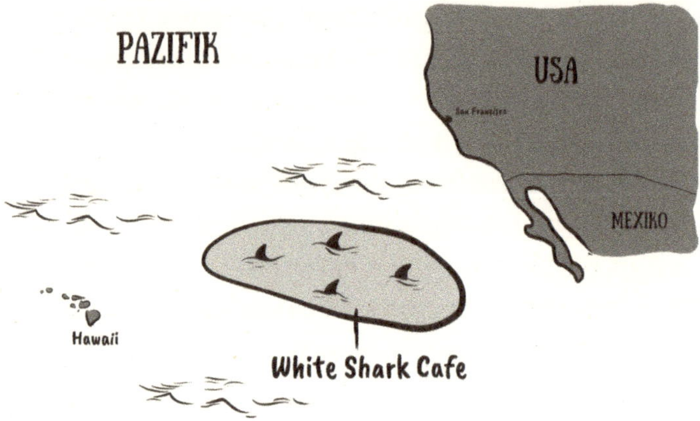

Das White Shark Café *erstreckt sich über mehrere Hundert Kilometer zwischen der Halbinsel Baja California und dem hawaiianischen Archipel.*

hauptsächlich Phytoplankton Chlorophyll besitzt, kann man so rückschließen, wie viel Phytoplankton sich im Wasser befindet. Da Phytoplankton wiederum die Basis der Nahrungskette bildet, ist es ein Indikator, anhand dessen man abschätzen kann, wie viel marines Leben in diesem Meeresabschnitt anzutreffen ist. Die Satellitenaufnahmen des *White Shark Café* vermittelten jedoch ein ganz anderes Bild, als ein Café vermuten lassen würde: Nahrungstechnisch kommt es wohl eher einer Wüste gleich. Da das Café einen der niedrigsten Chlorophyllgehalte im ganzen Pazifik aufweist, ging man davon aus, dass sich dort auch kaum Meeresbewohner tummeln und somit das Nahrungsangebot für die Weißen Haie gleich null ist. Warum schwimmen sie also diesen ganzen weiten Weg dorthin? Was treiben sie dort? Oder treiben sie es gar dort?

Um Antworten auf diese Fragen zu finden, machten sich die Wissenschaftlerin Barbara Block und ihr Team 2018 auf, mitten in das Herz des *White Shark Café*, um dem Ganzen auf den Grund zu gehen. Im Vorjahr hatten sie 38 Weiße Haie mit Sendern markiert und wollten diese nun im *White Shark Café* beobachten. Mit modernsten Technologien ausgestattet, unter anderem mit Tauchrobotern und schwimmenden Drohnen, nahmen sie diesen abgelegenen Ort also bis in die dunkle Tiefe genauestens unter die Lupe. Die Überraschung war groß: Die angebliche Wüste entpuppte sich als Oase, die von Leben nur so strotzte!

Wie kann das sein, wenn Satellitenbilder doch kaum Chlorophyll anzeigen? Da Satelliten optisch arbeiten, können sie nur den Chlorophyllgehalt an der Oberfläche des Wassers messen, tiefer können sie nicht hineinblicken. Je nach Klarheit des Wassers kann das Sonnenlicht jedoch bis auf 200 Meter Tiefe durchdringen. Es gibt also auch Phytoplankton, das sich in tieferen Schichten des Wassers aufhält. Genau das war hier der Fall. Die WissenschaftlerInnen fanden einen hohen Chlorophyll- und damit Planktongehalt in 100 Meter Tiefe – und damit einhergehend zahlreiche Fische und wirbellose Tiere, die sich von dem Plankton ernährten. Das Café bietet also einen fett gedeckten Tisch, sowohl für die Weißen Haie als auch andere Raubfische. Dies erklärt auch, warum die Haie im Café ein tieferes Tauchverhalten an den Tag legen. An der Küste sind ihre Tauchtiefen meist nicht mehr als 30 Meter, im Café hingegen halten sie sich überwiegend 100 Meter unter der Wasseroberfläche auf oder tauchen gar bis zu 500 Metern tief ab. Wahrscheinlich jagen sie größere Tiere, die aus den Tiefen des Meeres heraufkommen, um sich einen Snack am Buffet zu genehmigen. Doch ForscherInnen vermuten, dass die Nahrung eventuell nicht der einzige Grund dafür sein könnte, dass sich die Haie hier jedes Jahr aufs Neue versammeln. Auffällig ist nämlich, dass die Weibchen ein anderes Schwimmverhalten an den Tag legen als die Männchen. Im Frühling fangen die Männchen an, sich nach und nach im Zentrum des Cafés zu sammeln. Dabei ändert sich auch ihr Tauchverhalten: Sie tauchen viele Male am Tag schnell zwischen 30 und 200 Metern auf und ab. Die Weibchen halten sich hingegen eher am Rand des Cafés auf, mit gelegentlichen kurzen Besuchen im Zentrum. Auch ihr Tauchverhalten beschleunigt sich, jedoch weniger intensiv im Vergleich zu den Männchen. Spätestens im August macht sich das letzte Männchen wieder auf den Rückweg zur Küste, die

Weibchen aber verweilen noch etwas länger im Café. Auch dieses Verhalten kann mit der Suche nach Futter erklärt werden. Es könnte sein, dass zu dieser Zeit eine bestimmte Beute im Zentrum des Cafés zu finden ist. Zum Beispiel Ansammlungen von ablaichenden Tintenfischen, die dort schon beobachtet wurden. Das erklärt allerdings nicht, warum sich die Haie je nach Geschlecht unterschiedlich verhalten. Deswegen gibt es eine zweite Hypothese: Es handelt sich um ein Paarungsverhalten.

Die Männchen sammeln sich im Zentrum des Cafés und bilden damit einen sogenannten Lek, einen Balzplatz, an dem sich mehrere Männchen um ein Weibchen bemühen. Die Weibchen kommen dann je nach Lust und Laune in den Lek, um sich das beste Männchen auszusuchen. Das schnelle Auf- und Abtauchen könnte bedeuten, dass sie Pheromone erschnüffeln, denn die verteilen sich in den verschiedenen Wasserschichten besser horizontal als vertikal. Möglicherweise ist das Tauchen auch eine Art Balztanz oder Rivalenkampf. Das sind bisher aber nur unbewiesene Hypothesen. Wenn es sich wirklich um ein Fortpflanzungsverhalten handelt, wäre das nicht nur ein wissenschaftlicher Durchbruch, denn über die Fortpflanzungsstrategie der Weißen Haie ist sehr wenig bekannt, es wäre auch das erste Mal, dass eine Lekbildung bei Haien beobachtet wurde.

Auch wenn für die ForscherInnen das *White Shark Café* Neuwasser war, gab es andere, denen schon vorher klar war, dass dieses Gebiet keine Wüste ist. Die Expedition traf auf mehrere Fischereiflotten, die dort mit Langleinen fischten. Wahrscheinlich nach Thunfisch, aber mit Langleinen fängt man leider auch sehr gut Haie.

Vor allem der Anstieg der industriellen Fischerei in den letzten 50 Jahren hat sich dramatisch auf die weltweiten Haipopulationen ausgewirkt. Haie landen oft als Beifang im Netz, werden aber auch gezielt gefischt, da sich nicht nur Haifischflossen, sondern besonders Haifleisch auch in Europa an Beliebtheit erfreut. Oft wissen Leute nicht mal, dass sie Hai essen, da er unter anderem Namen angeboten wird. Die Schillerlocke ist da ein gutes Beispiel als gängige Bezeichnung für geräucherten Bauchlappen des Dornhais, der mittlerweile auf der Roten Liste gefährdeter Arten der International Union for Conservation of Nature and Natural Resources (IUCN) steht. Auch hinter den Namen Fettfisch, Kalbsfisch, Seeaal oder Steinlachs verbergen sich Haie. Das Krebsfleischimitat Surimi kann ebenfalls Haifleisch beinhalten. Also Augen auf beim Fischkauf! Nicht nur, um Haie zu schützen, sondern auch für die eigene Gesundheit, denn Haifleisch beinhaltet oft sehr hohe Konzentrationen an Schwermetallen wie Quecksilber.

Der Dornhai trägt seinen Namen aufgrund der Dornen vor seinen beiden Rückenflossen und wird maximal 160 Zentimeter lang. Besser bekannt als Schillerlocke oder Seeaal ist er ein beliebter Speisefisch. Da sein Bestand stark überfischt ist, steht er auf der Roten Liste der gefährdeten Tierarten.

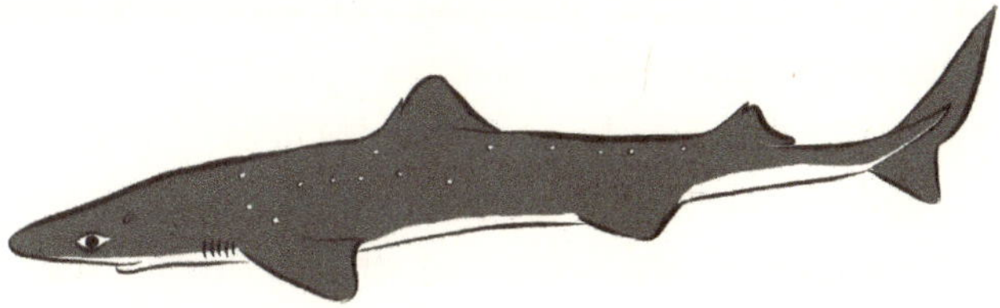

Das Öl aus der Haileber, sogenanntes Squalen beziehungsweise das daraus gewonnene Squalan, wird zuweilen im kosmetischen Bereich zum Beispiel in Cremes oder Lippenstift eingesetzt. Obwohl Squalan aus pflanzlichen Quellen gewonnen werden kann, wird der meiste Bedarf auch heute noch zumindest im asiatischen Raum durch Haileber gedeckt, da dies günstiger ist. Europäische Kosmetikhersteller haben sich dem Verbraucherdruck gebeugt und sind in den letzten Jahren auf pflanzliche Alternativen umgestiegen. Wenn auf eurer Creme Phytosqualan steht, seid ihr auf jeden Fall auf der sicheren Seite. Squalan findet ebenso pharmazeutischen Nutzen, zum Beispiel als Impfstoffverstärker, oder wird unter dem Namen »Haifischleberöl« als Nahrungsergänzungsmittel angeboten. Und der Knorpel, den Haie anstelle von Knochen haben, gemahlen und zu medizinischen Zwecken meist in Tablettenform verkauft, zum Beispiel zur Rheumatherapie. Auch das Sportfischen trägt seinen Teil dazu bei, dass die Haipopulationen schwinden, sofern die Haie nicht lebend wieder zurück ins Wasser gesetzt werden.

Oft wird angegeben, dass jedes Jahr bis zu 100 Millionen Haie getötet werden, bei WissenschaftlerInnen ist die Zahl jedoch umstritten. Auch Aussagen, dass die weltweite Haipopulation zu 90 Prozent zurückgegangen sei, sind wissenschaftlich so nicht haltbar, denn bei jeder Art und an jedem Ort sieht es immer etwas unterschiedlich aus. Einig ist man sich aber auf jeden Fall darüber, dass in den letzten 50 Jahren die Populationen vieler Arten so gut wie überall drastisch und oft auch gefährlich abgenommen haben. Es wird geschätzt, dass ungefähr ein Drittel der Hai- und Rochenarten mittlerweile gefährdet sind, und das bezieht sich nur auf die Daten, die uns vorliegen. Denn über fast 50 Prozent aller Hai- und Rochenarten wissen wir viel zu wenig, um ihren Gefährdungsgrad einschätzen zu können. Auch der Weiße Hai steht auf der Roten Liste. Er ist seit dem Jahr 2000 als gefährdet eingestuft und gilt international als geschützt. Das Fischen in einem Weißer-Hai-Hotspot ist daher, sagen wir mal, kontraproduktiv. Deshalb wird nun versucht, das *White Shark Café* als UNESCO Weltkulturerbe zu registrieren, damit das Fischen dort verboten werden kann und um die Tiere besser zu schützen.

Unser Wissen über Haie ist noch sehr lückenhaft, und so überraschen sie uns wie mit dem *White Shark Café* immer noch an Orten, an denen wir mit ihnen gar nicht gerechnet haben. Ein weiterer solcher Ort ist der - wirklich so genannte - *Sharkano*. Nicht zu verwechseln mit dem sagenhaften Film *Sharknado*, einer Wortkombination von *Shark* und *Tornado*, in dem Haie mit einem Tornado durch die Gegend fliegen und alles zerfetzen, was ihnen vor die Nase kommt. *Sharkano* ist eine Wortkombination aus *Shark* und *Volcano*, also Hai und Vulkan. Tut mir leid, wenn ich jetzt Träume zerstöre, aber es ist kein Haie-spuckender Vulkan. Der *Sharkano* ist ein Tiefseevulkan, in dem Haie herumschwimmen. Hört sich vielleicht fürs Erste nicht so besonders an. Aber auch wenn er unter Wasser ist, ist er trotzdem noch ein Vulkan. Wenn ein Tiefseevulkan ausbricht, spuckt er zwar kein Feuer, aber dennoch Magma und sehr sehr heißes Wasser, über 400 °C kann es heiß werden. Das mit verschiedensten Salzen, Metallen und Gasen versetzte Wasser ist je nach Inhaltszusammensetzung schwarz oder weiß gefärbt. Durch diese Farbe hat das Wasser eine rauchähnliche Anmutung, wenn es nach oben strömt. Wie die Rauchwolke bei einem Landvulkan verwandelt sich dieses Wasser-Mineraliengemisch in höheren

Wasserschichten in eine sogenannte hydrothermale Wolke.

Einer der größten und aktivsten Tiefseevulkane ist der Kavachi, der zum New-Georgia-Archipel auf den Salomonen gehört. Von über 1000 Meter Tiefe reicht er hoch bis 24 Meter unter die Wasseroberfläche, und seine häufigen Explosionen sind so stark, dass sie auch über Wasser zu sehen und zu hören sind. Eine Gruppe WissenschaftlerInnen hat sich 2015 während einer inaktiven Phase an diesen gefährlichen Vulkan herangetraut, um den noch wenig erforschten Lebensraum Tiefseevulkan zu studieren. Als sie Kameras, die mit Ködern ausgestattet waren, bis auf 50 Meter Tiefe hinab in den Krater ließen, waren sie selbst überrascht über die ganzen Gäste, die daran knabbern wollten. Neben zappelndem Zooplankton huschten auch viele verschiedene Fischarten wie Blauflossen-Makrelen oder Schnapper durch die Hydrothermalwolke. Den dramatischsten Auftritt hatten aber vor allem die Bogenstirn-Hammerhaie und Seidenhaie, die aus den Tiefen des Kraters geschossen kamen. Sogar ein ganz seltener Gast, ein pazifischer Schlafhai, gab sich die Ehre und schwamm verpennt langsam an der Kamera vorbei. Die WissenschaftlerInnen waren so beindruckt und überrascht, dass sie dem Vulkan gleich einen neun Spitznamen gaben. *Sharkano* war geboren. Denn überraschend ist es in der Tat, wenn man die örtlichen, doch eher im extremen Bereich angesiedelten Gegebenheiten näher betrachtet. Die Wassertemperatur lag im Schnitt bei 42 °C, eine Temperatur, die Meerwasser im Normalfall nie erreicht. Mit einem pH-Wert von 6,1 ist das Wasser ziemlich sauer, und schwefellastig ist es obendrein auch noch. Ziemlich ungemütlich eigentlich, und trotzdem halten sich die Haie und Fische in diesen extremen Bedingungen dort unten auf. Dazu kommt auch noch die ständige Gefahr einer Eruption. Bei den wenigen anderen Tiefseevulkanen, die bisher untersucht wurden, ist das Innere der Krater eine »Kill Zone«, übersät mit Kadavern toter Fische.

Inzwischen wird vermutet, dass Kavachis Krater im Vergleich zu anderen Tiefseevulkanen sehr breit und so nah an der Oberfläche ist, dass Oberflächenströmungen und Winde zu einer besseren Durchmischung des Wassers führen und so dessen Toxizität verringert wird. Nach einem Festlandsvulkanausbruch auf den Marianen waren es dieselben Fischarten wie im Kavachi-Krater, die am wenigsten mit den Folgen der Eruption zu kämpfen hatten. Dies bedeutet, dass diese Arten wohl irgendwie besonders angepasst sein müssen, um mit dem »Vulkanklima« so gut zurechtzukommen. Eine große Frage ist allerdings, wie sie im Falle eines Ausbruches reagieren. Sterben sie einfach einen kurzen und hoffentlich schmerzlosen Tod, oder sind sie in der Lage, eine Eruption vorzeitig zu spüren und zu fliehen? Gerade Haie verfügen mit ihren Lorenzinischen Ampullen über hochsensible Sinnesorgane, mit denen sie elektrische Felder, Temperaturunterschiede und wahrscheinlich sogar das Erdmagnetfeld wahrnehmen können. Wohl hauptsächlich zum Jagen gedacht, könnten sie jedoch im Kavachi-Krater auch ein überlebenswichtiges Warnsystem sein. Gerade Hammerhaie mit der namensgebenden Verbreiterung des Kopfes, die Platz für besonders viele Poren der Lorenzinischen Ampullen bietet, könnten so einen Vorteil haben. Diese Expedition hat, was in der Wissenschaft nicht selten ist, letztendlich wohl mehr Fragen aufgeworfen als Antworten gegeben. Sie lieferte einen seltenen Einblick in den kaum erforschten Lebensraum der Tiefseevulkane und hydrothermalen Wolken und erhärtete den Eindruck, dass diese eine größere Rolle im Meeresökosystem spielen könnten als gedacht.

Haie geben uns auch heutzutage noch viele Rätsel auf und überraschen uns immer noch an unerwarteten Orten. Nur hoffentlich nicht in unserer Badewanne. Klar ist, dass sie an der Spitze des Nahrungsnetzes stehen und somit einen wichtigen Job dabei erfüllen, das Ökosystem, in dem sie leben, im Gleichgewicht zu halten. Eine weitere Reduktion der Bestände könnte nicht vorhersehbare Auswirkungen auf diese Ökosysteme mit sich bringen. Ihr langsames Wachstum – abhängig von der Art kann es zwischen 2 bis 20 Jahre dauern, bis sie die Geschlechtsreife erreichen –, ihre lange Tragezeit von neun bis zwölf Monaten und ihre geringe Anzahl von 2 bis 20 Jungen pro Wurf oder Eiablage macht sie besonders anfällig für Überfischung. Genau deshalb ist die Arbeit von HaiforscherInnen so wichtig, da sie uns Wege und Orte erschließt, wie wir diese Lebewesen besser verstehen und damit besser schützen können.

Tiefseewolken

Die 1960er-Jahre waren ein bedeutendes Jahrzehnt für die Menschheit. Die ersten Schritte Neil Armstrongs auf dem Mond 1969 verfolgte fast die ganze Welt auf dem Schwarz-Weiß-Fernseher. Selbst, wer zu dieser Zeit noch nicht lebte, kennt den weltbewegenden Satz »Ein kleiner Schritt für einen Menschen, ein großer Sprung für die Menschheit«. Neun Jahre zuvor wurde ein anderer Rekord aufgestellt, der den meisten Menschen wahrscheinlich nicht ganz so bekannt ist wie die Mondlandung: Am 23. Januar 1960 tauchten Jacques Piccard – sein Onkel, der Erfinder Jean Piccard, war Namensgeber für Star Treks Captain Jean-Luc Picard – und Don Walsh als erste Menschen zum tiefsten Punkt des Meeres in den Marianengraben, sage und schreibe 10 984 Meter tief. In dieser Tiefe herrscht ein Druck von 1,1 Tonnen pro Quadratzentimeter, nicht auszuhalten für einen Menschen, und selbst für ein U-Boot ist es anspruchsvoll, diesem immensen Druck standzuhalten. Damals war man noch der Meinung, dass Fische in solch einer Tiefe und bei so hohem Druck gar nicht leben können. Piccards und Walshs Erzählungen, dass sie einen Plattfisch und Garnelen gesehen hätten, wurde daher zu Beginn kaum Glauben geschenkt. Die nach diesem Tauchgang rasant wachsende Tiefseeforschung brachte Licht in das Königreich der Finsternis und zeigte, dass der Ozeanboden nicht nur einer tristen Wüste gleicht. Ganze Bergketten, Täler und Schluchten sowie Vulkanismus unter Wasser versetzten die Forschung in Aufregung. Ganz besonders Hydrothermalquellen wurden zu einem der wichtigsten Forschungsobjekte der Tiefseeforschung. Hydrothermalquellen findet man auf und in der Nähe von Mittelozeanischen Rücken. Die Rücken sind vulkanisch aktive Stellen am Meeresboden, an denen Magma aufsteigt und neuen Ozeanboden bildet. Durch diese Aktivitäten bilden sich Risse und Frakturen in der ozeanischen Erdkruste, in die dann Meerwasser einströmt. Das Wasser trifft dort auf glühend heißes Magma und wird nicht nur auf bis zu 400 °C erhitzt, sondern reagiert auch mit dem heißen Gestein. So reichert es sich mit verschiedenen Mineralien wie Schwefelverbindungen oder Metallen wie Eisen, Mangan, Kupfer, Zink oder Kobalt an. Auch Gase wie Kohlenstoffdioxid, Methan, Wasserstoff oder Schwefelwasserstoff kann das Wasser aufnehmen, bevor es explosionsartig durch die Risse in der Kruste zurück an die Oberfläche des Tiefseebodens schießt. Die gelösten Stoffe können dem heißen Wasser, je nach Inhalt und Temperatur, eine schwarze oder weiße Farbe geben. Die chemische Zusammensetzung des Wassers hängt dabei mit dem Standort der Quelle zusammen. Wenn das heiße Wasser auf das ungefähr 2 °C kalte Wasser am Meeresboden trifft, fallen einige der gelösten Mineralien aus. Das bedeutet, sie werden wieder zu einem Feststoff, der sich am Meeresboden absetzt, über die Zeit ansammelt und so hochhaushohe Schlote um die Austrittstelle bildet. Da das heiße Wasser optisch Rauch ähnelt, wenn es aus der Quelle strömt, sind die Hydrothermalquellen mit ihren Schloten auch als schwarze oder weiße Raucher bekannt. Die bis jetzt entdeckten höchsten Schlote wurden am Hydrothermalquellenfeld Lost City gefunden und sind bis zu 60 Meter hoch. Die WissenschaftlerInnen, die die Quellen und Schlote entdecken, dürfen ihnen Namen geben, und wenn es an Board Clowns zum Frühstück gab, bekommen Schlote auch mal Namen von Kindheitshelden wie *Sasquatch*, *Godzilla*, *Scooby*, *Tweety*, *Road Runner* oder *Homer Simpson*.

Als 1977 WissenschaftlerInnen mit dem U-Boot *Alvin* Hydrothermalquellen in Tausenden Meter Tiefe am Mittelozeanischen Rücken in der Nähe der Galapagosinseln untersuchen wollten, trauten sie ihren Augen kaum, als sie die Quellen das erste Mal zu Gesicht bekamen. Der bis dahin als lebensfeindlicher Raum geltende Tiefseeboden strotzte nur so von Leben! Riesige Würmer, Muschelfelder, Massen an weißen Garnelen, selbst kuriose Fische zogen ihre

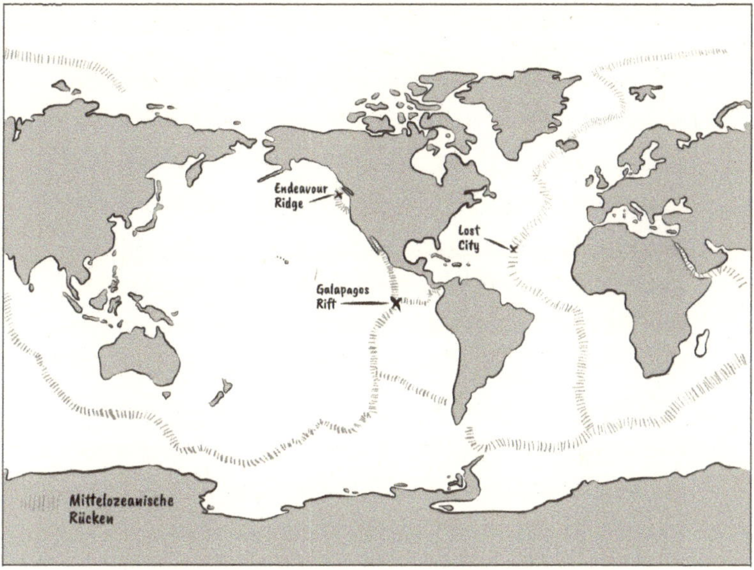

Mittelozeanische Rücken erstrecken sich durch das gesamte Weltmeer und sind übersät mit hydrothermalen Quellen. Am Galapagos Rift haben menschliche Augen zum ersten Mal Hydrothermalquellen in der Tiefsee erblickt.

Bahnen um die heißen Quellen. Diese Entdeckung kam fast einer Sichtung von grünen MarsianerInnen gleich. Leben in so großer Tiefe hielten die BiologInnen damals nicht für möglich. Zum einen war da der immense Druck, der ein Lebewesen auf der Stelle zerquetschen müsste wie eine Planierwalze eine Zeichentrickfigur, zum anderen verstanden sie nicht, wie das Leben ohne Sonnenlicht möglich war.

Wir alle, jedes Lebewesen auf der Erde, brauchen Energie für unser Überleben. Diese Energie wird von der Sonne bereitgestellt. Natürlich können wir Menschen und Tiere diese Energie nicht direkt nutzen, außer vielleicht, um uns etwas aufzuwärmen. Wir brauchen die Energie umgewandelt in organische Stoffe, die wir verwerten können, kurz gesagt als Futter. Die Umwandlung von Sonnenenergie in Futter übernehmen photosynthetische Lebewesen wie Pflanzen für uns. Photosynthese ist altgriechisch und bedeutet so viel wie: Lichtzusammensetzung. Hierbei wird Lichtenergie genutzt, um aus anorganischen Stoffen, genauer: Kohlenstoffdioxid und Wasser, Zucker und Sauerstoff herzustellen.

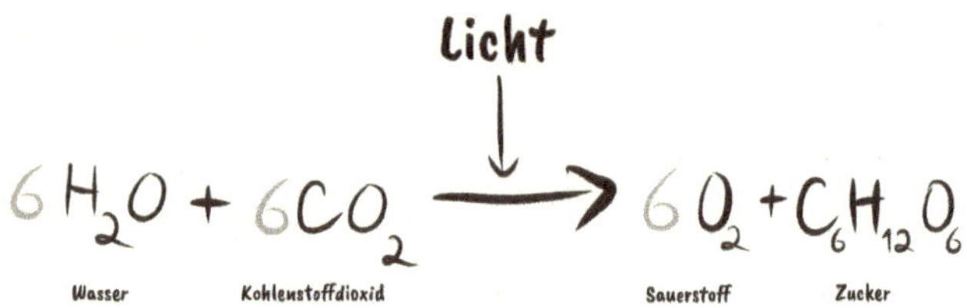

Lichtenergie wird also in chemische Energie umgewandelt, die von uns ErdenbewohnerInnen genutzt werden kann. Da wir Lichtenergie nicht selbst in chemische Energie umwandeln können, müssen wir die, die es können, essen. Oder eben die essen, die die essen, die es können. Daher bilden auf dem Land Pflanzen und im Meer das Phytoplankton die Basis des Nahrungsnetzes. Die Existenz der neu entdeckten Tiefseeoasen widersprach dem Prinzip der unerlässlichen Sonnenenergie. Wie kann an einem Ort, der permanent in totale Finsternis gehüllt ist, Leben existieren? Und das in solch einer Vielfalt? Mittlerweile gibt es Anzeichen dafür, dass der Artenreichtum der Tiefsee wohl dem von Korallenriffen und Regenwäldern gleichkommt. Natürlich fällt ab und zu totes Material von der Oberfläche herab, welches von Tieren gegessen werden kann. Aber das passiert in so geringen Mengen, dass es nicht ausreichen sollte, um diese schiere Anzahl an Tieren zu versorgen, die an den Quellen rumhängen. Auffällig war, dass die Tiere sich gezielt um die Quellen herumtummelten und weiter entfernt davon nicht mehr zu finden waren. Schnell war klar: Wie das Phytoplankton an der Wasseroberfläche sind es auch hier Kleinstlebwesen, die alles am Laufen halten. Anstatt Photo- bilden Chemo-synthetische Bakterien und Archaeen die Nahrungsbasis der Hydrothermalquellen. Im Gegensatz zum Sonnenlicht nutzen sie Redoxreaktionen, um Zucker aus Kohlenstoffdioxid zu bilden. Ich weiß, die hat jeder schon in der Schule gehasst, und ich will keine alten Traumata wiederaufleben lassen, aber sie bilden die Basis energieliefernder oder -speichernder Reaktionen. Keine Angst, ich halte es kurz:

Redox ist eine Kurzform und steht eigentlich für »reduzierende und oxidierende Reaktion«. Im Grunde geht es dabei einfach darum, dass Elektronen, oft in der Form von Sauerstoff, von einem Atom an ein anderes übergeben werden, und bei diesem Vorgang wird Energie frei. Dabei ist der oxidierende Teil der Reaktion der, der Elektronen aufnimmt, und der reduzierende der, der sie abgibt. So, schon vorbei, war gar nicht so schlimm, oder?

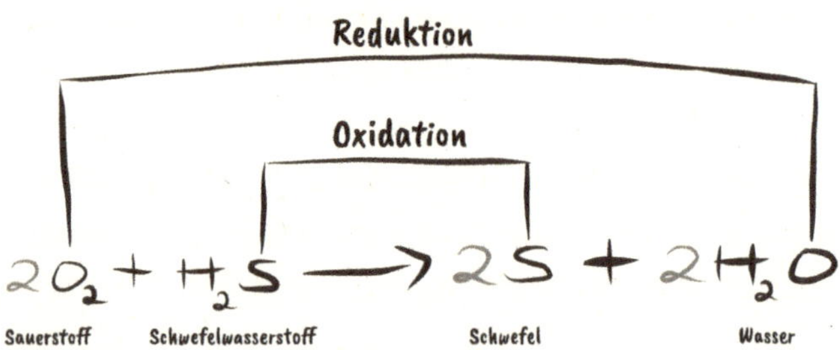

Die chemosynthetischen Mikroorganismen nutzen für diese Reaktion die im Rauch gelösten mineralischen Verbindungen. Bei schwarzen Rauchern wird beispielsweise der gelöste Schwefelwasserstoff verwendet und mithilfe von Sauerstoff zu Schwefel oxidiert. Gleichzeitig wird der Sauerstoff zu Wasser reduziert. Ähnlich wie bei der Photosynthese wird dabei eine Elektronentransportkette gebildet, durch die Energie entsteht, die nun genutzt werden kann, um aus Kohlenstoffdioxid Zucker zu bilden. Auch andere Verbindungen wie Eisen, Methan oder Mangan können dank Redoxreaktionen als Futterlieferant dienen. Diese chemosynthetischen Winzlinge sind extrem hitzeresistent und schwimmen oder wachsen als Biofilm um die heißen Schlote herum, und zwar in so großer Zahl, dass sie richtige Matten ausbilden. Sie werden dann von Tieren wie Garnelen oder Krebsen abgegrast oder von Muscheln und Larven aus dem Wasser gefiltert. Manche Tiere haben es sich gleich noch leichter gemacht, sie haben die Mikroorganismen als UntermieterInnen in ihr Gewebe verfrachtet und werden so direkt von ihnen mit Nahrung versorgt. Als Gegenleistung gibt es gemütlichen Wohnraum und Schutz vor den hungrigen Fressfeinden. Das wohl bekannteste Beispiel für diese Symbiose ist der gigantische Bartwurm *Riftia pachyptila*. Er lebt in einer am Schlot fest verankerten Röhre, die er niemals verlässt und in die er sich bei Gefahr zurückziehen kann. Diese mit dem Wurm wachsende Röhre kann bis zu 1,5 Meter lang werden. Wenn es draußen ruhig ist, hängt sein federähnlicher Kopf, der mit knallroten Büscheln besetzt ist, aus der weißen Röhre. Mit diesen Büscheln wedelt er sich schwefelwasserstoffhaltiges Wasser zu, um seine symbiontischen Schwefelbakterien zu versorgen. Diese sitzen im Inneren des Wurms in einem eigens angelegten Organ, das fast ein Drittel des Wurms ausfüllt, und produzieren brav Zucker, den sie mit dem Wurm teilen. Diese Symbiose ist so optimiert, das *Riftia* nicht einmal mehr einen Mund oder Po besitzt, weil er es schlicht nicht mehr nötig hat. *Riftia* hat eine besondere Art von Hämoglobin entwickelt, um mit dem hochgiftigen Schwefelwasserstoff klarzukommen. Hämoglobin ist der rote Blutfarbstoff, der normalerweise Sauerstoff und Kohlendioxid bindet. Bei *Riftia* bindet es zusätzlich gezielt Schwefelwasserstoff und transportiert diesen so zu den Symbionten, ohne dass es die Wurmzellen schädigen kann. Diesem hohen Hämoglobingehalt hat der Wurm seine markante tiefrote Färbung zu verdanken.

Auf diese unterschiedlichen Weisen bilden also die chemosynthetischen Mikroorganismen die Nahrungsgrundlage, ohne die das reiche Leben an den Tiefseequellen nicht existieren könnte. Hydrothermalquellen sind der einzige sonnenunabhänige Lebensraum auf der Erde. Zumindest bedingt, denn da die Mikroorganismen Substanzen mithilfe von Sauerstoff oxidieren, sind sie indirekt eben doch von der Sonne abhängig. Denn Sauerstoff wird bekanntlich nur durch Photosynthese gebildet.

Ein Lebensraum, der zwar auch auf den hydrothermalen Quellen beruht, sich allerdings in Hunderten Meter Entfernung von ihnen abspielt, liegt, auch im übertragenen Sinne, immer noch im Dunkeln. Über seine Relevanz für den Stoffkreislauf des Ozeans ist noch wenig bekannt. Es geht um hydrothermale Wolken. Der Rauch der Hydrothermalquellen steigt aus den Schloten weiter nach oben, da heißes Wasser weniger dicht und damit leichter ist als das Wasser in der kalten Tiefsee. Während der Rauch also Hunderte von Metern aufsteigt, kühlt er sich langsam ab und mischt sich mit dem umgebenden Wasser, bis er letztendlich die gleiche Dichte erreicht. Ab dem Moment steigt er nicht mehr, sondern schwebt und verteilt sich horizontal wie eine Wolke in der Wasserschicht, und das bis zu 1000 Kilometer weit. Auch wenn der Rauch sich nun durchmischt hat, unterscheidet er sich immer noch aufgrund der in ihm gelösten Stoffe vom Umgebungswasser. Das ist ähnlich wie in einer Raucherkneipe oder Shisha-Bar. Der ausgeatmete Rauch steigt nach oben und sammelt sich an der Zimmerdecke, wo er sich langsam über die ganze Breite des Raumes verteilt und sich immer mehr mit der Umgebungsluft mischt, bis es in den Augen brennt.

Wie wir vorhin gelernt haben, reagiert der Rauch, wenn er frisch aus den Schloten steigt, auf das kalte sauerstoffhaltige Wasser, sodass einige Stoffe ausfallen oder oxidiert werden. Der Anteil an Stoffen, der nicht gleich reagiert, steigt weiter in der Rauchsäule auf, zusammen mit Mikroorganismen, die auf ihrem Höhenflug fröhlich weiter oxidieren und reduzieren. Aber auch andere Mikroorganismen und Viren aus höheren Wasserlagen freuen sich über eine saftige Hydrothermalwolke. Gefüllt mit Massen an Bakterien gleicht die Wolke für Zooplankton einem reich gedeckten Buffet. Besonders im Wasserbereich über der Wolke haben kleine Ruderfußkrebse, die wichtigsten und häufigsten Vertreter des marinen Zooplanktons, ein wunderbares Leben. Auch die Larven der Hydrothermalquellenbewohner fühlen sich in der Wolke pudelwohl und nutzen sie, um zu weiter entfernten Schloten und Quellenfeldern zu reisen.

Hydrothermale Quellen schaffen also nicht nur in ihrem direkten Umfeld, sondern auch noch viele Kilometer um sie herum einen einzigartigen Lebensraum inmitten der Wassersäule. Eine in der Wissenschaft noch unbeantwortete Frage ist, ob sich auch größere Tiere für die Wolke als Futterquelle interessieren. Die Unwissenheit liegt schlicht daran, dass so eine kilometerlange Wolke im tiefen Ozean nicht leicht zu beobachten ist. Denn wenn man U-Boote oder Kameras hinunterschickt, sieht man immer nur einen kleinen Ausschnitt von dem, was sich tatsächlich dort abspielt. Auch mit Netzen und Wasserbeprobung kann man nur einen vergleichsweise kleinen Bereich abdecken. Das ist so, wie wenn man sich ein Fitnessstudio in der ersten Januarwoche anguckt und denkt, jeder in der Stadt würde Sport treiben. Wenn man im April reingeguckt hätte, wäre der Eindruck ein ganz anderer. Timing ist daher auch ein wichtiger Aspekt – nur, weil man in dem kurzen Zeitraum, in dem man da ist,

Schematisches Bild eines Schwarzen Rauchers mit typischen BewohnerInnen von hydrothermalen Quellen wie Riftia, *Garnelen, Krebsen und Mikroorganismen, die weiße Matten bilden. Darüber wächst die hydrothermale Wolke. Alle Arten zusammen sind aber eigentlich nie an einer Quelle zu finden, denn jeder Raucher hat seine eigene Artenzusammensetzung.*

nichts sieht, heißt es nicht notgedrungen, dass nichts da ist.

Trotz der schwierigen Voraussetzungen gab es in hydrothermalen Wolken schon Sichtungen von Salpenansammlungen, obwohl diese sich normalerweise nicht in derart tiefen Gewässern aufhalten. Salpen gehören zu den Manteltieren und leben davon, Plankton aus dem Wasser zu filtrieren. Als Einzeltier sind sie relativ unspektakulär, sie sind ein paar Zentimeter groß und ähneln einem durchsichtigen Stück Schlauch. Wenn sie sich jedoch zu einer Kolonie zusammenschließen, können sie eine imposante Größe erreichen und mehrere Meter lang werden. Auch eine andere Art der Manteltiere, die *Larvacea*, wurde gesichtet. Diese kaulquappenähn-

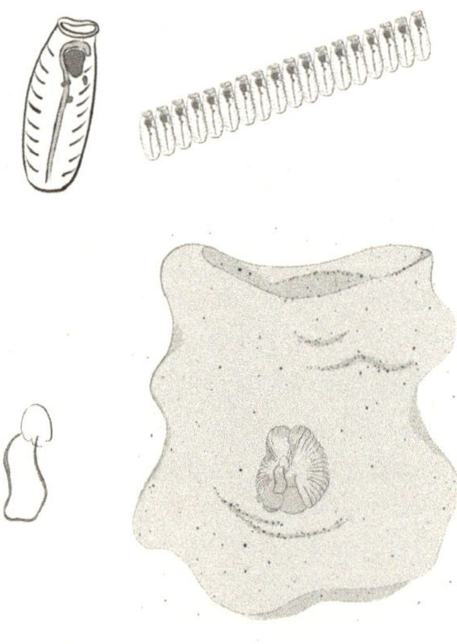

Oben links eine Salpe als Einzeltier. Rechts eine Kolonie, die mehrere Meter lang werden kann. Unten links eine Larvacea, *die einer durchsichtigen Kaulquappe ähnelt. Rechts mit spektakulärem Schleimhaus.*

lichen Tiere wurden anfangs fälschlicherweise für Larven gehalten, daher der Name. Sie bilden zwar keine Kolonien wie die Salpen, dafür aber ein architektonisch beeindruckendes Haus aus Schleim, das Hunderte Male größer ist als sie selbst und mit dem sie Nahrung aus dem Wasser filtrieren. Ein derart reichliches Angebot an Zooplankton sollte eigentlich auch größere Jäger wie Fische anziehen, vorausgesetzt, sie können so tief tauchen. WissenschaftlerInnen fanden bereits im näheren Umfeld hydrothermaler Quellen erhöhten Fischreichtum im Oberflächenwasser. Dies könnte ein Indiz dafür sein, dass die Fische sich von dem Wolken-Zooplankton ernähren.

Wir vermuten, dass auch Finnwale ab und zu das Wolkenbuffet besuchen. ForscherInnen haben sich die *Ocean Bottom Seismometer*, die auf dem Meeresboden im Pazifik an der *Endeavour Ridge*, einem vulkanisch aktiven Gebiet, verteilt wurden, zunutze gemacht. Die *Endeavour Ridge* liegt in 2000 Meter Tiefe im Pazifik an der Westküste des Nordamerikanischen Kontinents direkt zwischen den USA und Kanada. Es ist ein ungefähr 90 Kilometer langes, vulkanisch sehr aktives Gebiet und beherbergt eine Vielzahl hydrothermaler Quellenfelder. Eigentlich dafür gedacht, Erdbeben zu messen, kann man die Seismometer zufällig auch prima nutzen, um Bartenwale wie Finn- und Blauwale zu studieren. Sie messen, neben Bewegungen des Meeresbodens, mithilfe eines eingebauten Hydrophons auch die Schallwellen im Wasser. Dabei nehmen sie zugleich die Gesänge der Wale auf, die beim Blauwal im Bereich von 16 Hertz und beim Finnwal bei 20 Hertz liegen. Diese Daten zeigen, dass manche der Finnwale im Herbst nicht in den Süden ziehen wie die meisten ihrer Artgenossen, sondern sich stattdessen über der *Endeavour Ridge* sammeln. Da man auch als wohlerzogener Finnwal mit vollem Mund nicht singt, deuten häufige, länger andauernde Gesangspausen darauf hin, dass die Wale dort fressen. Da das Ganze zentriert über der *Endeavour Ridge* abläuft, ernähren sie sich vermutlich den Winter über vom Wolken-Plankton. Der bereits erwähnte *Sharkano* ist eins der wenigen Beispiele, bei dem beobachtet wurde, wie Rifffische sowie Haie sich sogar direkt in der Wolke aufhalten. Mit Satellitensendern markierte Lederschildkröten wurden ebenfalls schon dabei gesehen, wie sie um den *Sharkano* ihre Kreise zogen. Das Verhalten, das sie dabei an den Tag legten, war typisch für die Nahrungssuche, und WissenschaftlerInnen gehen daher davon aus, dass sie den Vulkan als Futterstelle nutzen. Die Anzeichen sprechen also dafür, dass sich Tiere sowohl aus höheren Gewässerebenen als auch aus höheren Stufen der Nahrungskette von dem im tiefen Wasser liegenden Wolkenökosystem ernähren.

Dies könnte einen wichtigen Einfluss auf die Stoffzirkulation im Meer haben. Da sich die Tiere nach dem Fressen meist wieder in den höheren Wasserschichten aufhalten, erleichtern sie sich auch dort oder werden mit Pech dort oben selbst gefressen. Auf diese Weise werden die Nährstoffe aus der Tiefsee in die höheren Wasserschichten getragen. Das ist wichtig, denn die oberen Wasserschichten sind abhängig von bestimmten Nährstoffeinträgen wie Eisen. Das ist ein lebensnotwendiges Spurenelement für unsere kleinen grünen photosynthetisch aktiven MeeresbewohnerInnen, aber in vielen Gebieten Mangelware. Im Nordatlantik ist beispielsweise eine wichtige Eisendüngerquelle der Saharasand, der mit dem Wind weit hinaus auf den Ozean getragen wird. Mittlerweile wird außerdem vermutet, dass das Eisen, welches mit den hydrothermalen Wolken nach oben steigt, eine wichtige Rolle als Dünger für Phytoplankton spielt. Neueste Studien zeigen, dass die Wolken die Quelle für riesige Algenblüten im Südpolarmeer, das sehr eisenarm ist, sein könnten. Wie stark die Hydrothermalquellen und ihre Wolken die Stoffzyklen und so die Flora und Fauna der Weltmeere beeinflussen, ist wenig erforscht und birgt noch immer Überraschungen.

Die atemberaubende Entdeckung der Tiefsee-Hydrothermalquellen und ihrer Bewohner brachte nicht nur die Biologie, sondern auch die Biotechnologie und damit die Medizin enorm weiter. Dass hier Leben sogar bis 121 °C existieren kann, war eine sensationelle Neuheit, und auch genetisch sind diese Orte eine Schatzkammer. Hitzeresistente Enzyme, die aus diesen außergewöhnlichen Mikroorganismen gewonnen wurden, konnten biotechnologische Anwendungen wie die Polymerase-Kettenreaktion, kurz PCR, die zur Vervielfältigung von DNS genutzt wird und seit der Coronapandemie wahrscheinlich jedem ein Begriff ist, deutlich verbessern. Durch die Entdeckung der verschiedenen chemosynthetischen Lebensweisen sind neue Theorien über den Ursprung des Lebens auf der Erde entstanden. Hydrothermale Quellen unter Wasser gibt es schon seit ungefähr 4,2 Milliarden Jahren, und sie gelten sogar als möglicher Entstehungsort für das Leben. Unter Laborbedingungen, die die Umweltbedingungen von Hydrothermalquellen nachahmten, konnte nachgewiesen werden, dass sich dort spontan Bläschen aus Fettsäuren bilden können, die einem Vorgänger der Urzelle ähneln. Wenn das Leben also tatsächlich dort seinen Ursprung gefunden haben sollte, tragen einige der heutzutage dort lebenden Mikroorganismen wahrscheinlich noch funktionale Relikte der ersten jemals existierenden Mikroorganismen in sich. Ein Tauchgang zu ihnen gleicht also einer Zeitreise in die Urgeschichte unserer Welt.

Trotz ihrer schweren Zugänglichkeit sind leider auch Tiefseeökosysteme wie die Hydrothermalquellen von uns Menschen bedroht. Der Aufschwung neuer Technologien hat, wie so oft, nicht nur die Möglichkeiten für die Erforschung der Tiefsee verbessert, sondern auch für ihre Ausbeutung. Da Massivsulfide oder Manganknollen aus der Tiefsee wirtschaftlich wichtige Metalle wie Mangan, Kupfer, Nickel, Kobalt oder sogar Gold beinhalten, wird die Idee des Tiefseebergbaus stark vorangetrieben – aber auch kritisch diskutiert. Dieser birgt nämlich die Gefahr einer unwiederbringlichen Zerstörung von Tiefseeökosystemen. Die möglichen Auswirkungen dieser Eingriffe auch auf höher im Wasser gelegene Ökosysteme wie die Hydrothermalwolken werden bisher ignoriert, sollten aber unbedingt in die Diskussion miteinbezogen werden. Da wir noch am Anfang stehen, diese Lebensräume und ihre Bedeutung für den Rest des Ökosystems Meer und damit indirekt auch für uns zu verstehen, können wir die Konsequenzen, die ihre Zerstörung haben könnte, momentan nicht einmal abschätzen. Wir leben in einem Zeitalter, in dem uns immer mehr bewusst wird, was für irreversiblen Schaden wir über die Jahrhunderte in der Natur verursacht haben. Daher sollten wir aus unseren Fehlern lernen und nicht in vollem Bewusstsein die letzten unberührten Lebensräume unseres Planeten zerstören.

Sechsbeinige Wassertänzer

In seinem Roman *Heiße Hüpfer* beschreibt der Autor Terry Pratchett in seiner bezaubernd skurrilen, fiktiven Scheibenwelt, wie der Gott der Evolution stundenlang neue Tiere zusammenbastelt. Er muss das per Hand tun, denn er hat den Sex noch nicht erfunden, und die Tiere können sich deshalb nicht selbst reproduzieren. Seine Lieblingstiere, die er besonders gerne und am häufigsten bastelt, sind die Käfer. Hier ließ sich Terry Pratchett von der Wirklichkeit inspirieren. Käfer sind nämlich mit über 400 000 Arten die artenreichste Ordnung der Tierwelt. Sie werden zur Klasse der Insekten gezählt, die mit geschätzt mehr als einer Million Arten auch die artenreichste Klasse der Tierwelt darstellt.

Wer kennt sie nicht: Fliegen, die einem nervig im Gesicht herumkrabbeln, obwohl man sie gerade verscheucht hat. Moskitos, die einem erst den Schlaf rauben mit ihrem Rumgesssssssssssumse und am nächsten Tag die Nerven, wenn die Stiche anfangen zu jucken. Von den Krankheiten, die sie übertragen können, wollen wir mal gar nicht erst anfangen. Wespen, die jeden öffentlichen Mülleimer belagern, immer bereit für fiese Attacken auf ahnungslose Bürger, die ihren Müll fachgerecht entsorgen wollten. Bettwanzen, die still und heimlich nichtsahnende Hotelgäste in juckende Pockenmonster verwandeln. Die Liste könnte noch ewig so weitergehen, denn die meisten Insekten, wenn es sich nicht gerade Schmetterlinge oder Marienkäfer handelt, sind eher ungern gesehene Gäste. Dass es so viele verschiedene Arten von Insekten gibt, überrascht einen eigentlich nicht, man hat schließlich tagtäglich, ob drinnen oder draußen, irgendwie mit ihnen zu tun. Aber ist euch schon mal aufgefallen, dass es einen Ort gibt, wo man Ruhe vor ihnen hat? Und zwar draußen auf dem wunderschönen Meer. Denn es gibt im Meer so gut wie keine Insekten.

Es ist eine ziemlich abgefahrene Tatsache, dass es im größten und diversesten Habitat des Planeten so gut wie keine Vertreter der artenreichsten Tiergruppe gibt. Woran könnte das liegen?

Um Missverständnisse auszuschließen: Mit »Meer« meine ich: im Wasser oder direkt darauf ohne Abhängigkeit zum Land. Wer es schon mal mit bissigen Sandmücken zu tun hatte, und das möchte wirklich niemand, weiß, dass man an Stränden, auf Salzwiesen, in Mangrovenwäldern oder im Brackwasser sehr wohl mit Insekten zu kämpfen hat. Dagegen gibt es nur ganz, ganz wenige Insekten, die exklusiv marin sind, also ihr gesamtes Leben unter oder auf dem Wasser verbringen. Zum Beispiel fühlen sich die Meerwasserläufer, *Halobates*, auf dem

Meer pudelwohl oder vielleicht eher fischwohl. Sie sehen nicht nur ähnlich aus wie die Wasserläufer, die man bei uns auf Teichen oder Seen finden kann, sie gehören auch zur gleichen Familie, den Gerridae. Die marinen Wasserläufer bilden allerdings im Gegensatz zu ihren Süßwasserverwandten in keinem Lebensstadium Flügel aus. Im Moment, das kann sich immer schnell ändern, gibt es 46 beschriebene Arten von *Halobates*. Die meisten Arten leben an der Küste und in Mangrovengebieten, aber fünf der Arten (*H. germanus, H. micans, H. sericeus, H. sobrinus* und *H. splendens*) verbringen ihr gesamtes Leben auf dem offenen Ozean. Man findet sie sowohl in den tropischen Gebieten des Atlantiks, im Indischen Ozean, dem Roten Meer, und auf dem tropischen Pazifik sind sogar alle fünf ozeanischen Arten heimisch. Hauptsache, das Wasser ist schön warm, bei Badewannenwassertemperaturen zwischen 24 °C und 30 °C scheinen sie sich am wohlsten zu fühlen. Die in der Sonne silbrig-grau schimmernden Körper der Meerwasserläufer sind mit 0,5 Zentimeter relativ klein, im Vergleich zu ihren 1,5 Zentimeter langen Beinen. Die langen Extremitäten brauchen sie, um sich damit auf der Wasseroberfläche zu halten. Sollten sie aber dennoch einmal unter Wasser gedrückt werden oder Spritzwasser abbekommen, ploppen sie, dank mehreren lufthaltenden Schichten wasserabweisender Haare, wieder an die Oberfläche wie ein Korken. Trotz dieser Schutzvorkehrungen ist die Tatsache, dass diese Insekten ihr ganzes Leben auf dem offenen Meer verbringen, das ja oft sehr stürmisch und rau sein kann, faszinierend. Diese Existenz birgt nämlich, abgesehen vom Wetter, noch einige andere Schwierigkeiten.

Zum Beispiel die Fortpflanzung. Um ihre Eier abzulegen, brauchen Meeresläufer etwas, das auf der Oberfläche schwimmt, wie Samen, Holz- oder Plastikstücke, Bimsstein oder Federn, sie sind und können nicht wählerisch sein. Man nimmt eben, was gerade vorbeischwimmt. Bei einer Expedition wurden auf einem im Meer schwimmenden Plastikkrug über 70 000 Meeresläufereier gefunden. Da die Weibchen nur an die zehn Eier legen, müssen sich über 7000 Meeresläuferweibchen auf diesen Krug gestürzt haben. Ein Zeichen dafür, dass Eiablagematerial im offenen Meer wohl eher Mangelware ist.

Auch Futter ist auf dem offenen Ozean eher spärlich gesät. Meeresläufer ernähren sich hauptsächlich von Zooplankton – das sind winzige Meerestiere wie Einzeller, Krebse, Quallen oder Larven, die zu nahe an der Oberfläche schwimme und so den Läufern in die Zangen geraten –, denn selbstständig nach Beute tauchen können sie nicht. Doch Plankton gibt es nicht immer und überall, und da sich die Läufer aufgrund ihrer geringen Größe und ihrer Abhängigkeit von den Launen des Meeres nur in einem vergleichsweise kleinen Radius bewegen können, müssen manchmal die eigenen Artgenossen als Mahlzeit herhalten. Abgesehen von dem aus der Not geborenen Kannibalismus sind es aber in der Regel Seevögel oder Fische, wie die Stachelmakrele, vor denen sich Meeresläufer in Acht nehmen sollten. Da man sich auf dem offenen Meer schlecht verstecken kann, haben sie nur eine Chance gegen Räuber, und zwar rennen. Und da sind sie mit einer Geschwindigkeit von einem Meter pro Sekunde (umgerechnet sind das 3,6 km/h) ziemlich flott unterwegs. So flott sogar, dass sie selbst den Netzen der WissenschaftlerInnen entwischen, wenn deren Boote nicht schnell genug sind.

Auch eine andere Wasserläufergattung hat es ins Meer geschafft, die *Hermatobates*. Sie sind die einzige Gattung der Schwesterfamilie der Wasserläufer, Hermatobatidae. *Hermatobates*, frei übersetzt aus dem Griechischen »Riffläufer« genannt, sind extrem selten und schwer zu finden. Nur wenige WissenschaftlerInnen wissen, wo und wie man sie am besten erwischen kann. Sie werden entweder mit Netzen im Wasser gefangen, oder die Dächer von Korallenriffen werden per Hand nach ihnen abgesucht. Der Entomologe Jon L. Herring sagte einmal, dass er in zweieinhalb Jahren Arbeit im Südpazifik nur drei Exemplare finden konnte. Mittlerweile wurden 14 Arten beschrieben, wobei *H. schuhi* und *H. palmyra* erst 2012 entdeckt wurden. Ihr Lebensraum sind Korallenriffe, daher sind sie in den tropischen Gebieten des Pazifiks, Atlantiks, des Indischen Ozeans und im Roten Meer zu finden. Sie haben einen an einen Käfer erinnernden runden Körper mit einer, je nach Art unterschiedlichen, Länge von zwei bis zu vier Millimetern. Ihre Beine sind zwar nicht so extrem lang wie die von *Halobates,* aber lang genug, um leichtfüßig über die Wasseroberfläche zu huschen, denn auch sie bilden keine Flügel aus. Eine dichte Schicht an hydrophoben, also wasserabweisenden Haaren umgibt ihren gesamten Körper. In diesen Haaren verfängt sich Luft, bevor die Riffläufer abtauchen, und die ist wichtig für ihre Atmung. Insekten atmen nicht wie wir durch den Mund, sondern sie nutzen ein Tracheensystem. Das ist ein über den ganzen Körper verteiltes Röhrensystem mit Atemöffnungen, über die Sauerstoff hinein- und Kohlenstoffdioxid wieder heraustransportiert wird. Wie eine Tauchglocke umgibt nun diese Luftschicht die Insekten und schützt sie nicht nur davor, dass Wasser in ihre Tracheen gelangt, sondern gibt ihnen auch die Möglichkeit, unter Wasser zu atmen. Bis zu zwölf Stunden können sie im Extremfall unter Wasser überleben. Die meiste Zeit verbringen sie auch unter Wasser, aber unabhängig von ihrer Tauchglocke in kleinen luftgefüllten Löchern auf der Unterseite von Steinen und alten Korallenstücken. Ihre Behausungen sind auf Riffdächern in dem Gebiet zu finden, in dem das Dach am Tiefpunkt der Ebbe freiliegt, aber nicht komplett austrocknet. Mit hereinbrechender Ebbe trauen sich die Riffläufer aus ihren Löchern und schwimmen an die Wasseroberfläche, um zu fressen und sich fortzupflanzen. Was sie genau fressen, ist nur bedingt bekannt, da es so selten beobachtet wurde. Wir gehen aber davon aus, dass sie, wie alle Wasserläufer, räuberisch leben und sich von anderen marinen Insekten wie Mücken und küstennahen Meerwasserläufern ernähren. Erst 2019 wurde das erste Mal ein Bild veröffentlicht, das einen Riffläufer beim Fressen zeigt, da wurde selbst schon der Yeti öfter fotografiert. Die Paarung der Riffläufer wurde auf der Wasseroberfläche zwar schon beobachtet, aber die schüchternen Weibchen sind danach so schnell wieder abgehauen, dass wir bis heute noch nicht herausgefunden haben, wo und wie die Eier abgelegt werden.

Larven der Gattung *Pontomyia* (Pontos bedeutet »offenes Meer«, und Myia ist griechisch für »Fliege«) die zu den Zuckmücken gehören, waren die ersten marinen Unterwasserinsekten, die jemals beobachtet wurden. Ihr Entdecker, der Entomologe Patrick Alfred Buxton, der die Mücken 1925 in Samoa zum ersten Mal fing, dachte, sie würden in all ihren Lebensstadien unter Wasser leben. Das war jedoch ein

Links: Riffläufer   Rechts: Meerwasserläufer

Irrtum: Die erwachsenen Mücken fliegen zwar nicht, leben aber auf und nicht unter der Wasseroberfläche. Mittlerweile sind vier Arten (*P. pacifica, P. cottoni, P. natans* und *P. oceana*) dieser fluglosen marinen Mücke beschrieben worden, die alle nur im Indo-Pazifik vorkommen. Auch in der Karibik scheint eine Art der *Pontomyia* unterwegs zu sein, man konnte sie aber noch nicht richtig beschreiben und ihr daher noch keinen Artennamen geben. Bisher wurden nämlich nur Larven und erwachsene Weibchen gefunden, die Männchen fehlen noch in der Sammlung. Die erwachsene, auch adult genannte Form der Mücke *Pontomyia* zu erwischen, ist durch ihren extremen Lebenszyklus schon eine Herausforderung. Gerade mal ein bis drei Stunden wurden ihr in ihrer finalen Lebensform gegönnt. Der

Lebenszyklus dieser marinen Mücken läuft so ab: Eier werden in gelatineartigen Schläuchen ins Meerwasser abgelegt. Dort schlüpfen die Larven aus den Eiern und verbringen etwa ein Jahr unter Wasser, wo sie sich von Algen und Seegras ernähren. Daher findet man die weißen Larven, die Ähnlichkeit mit kleinen Mehlwürmern haben, hauptsächlich nah an der Küste und in flachen Lagunen. Wenn ihre Zeit gekommen ist, verpuppen sie sich, und wie beim Schmetterling verwandeln sich die Larven in ihren Puppen in die adulte Mückenform. Diese Puppen gleiten an die Oberfläche, wo die Mücken dann alle fast gleichzeitig schlüpfen. Bei nur drei Stunden Lebenszeit muss das sehr genau geplant sein! Jetzt begeben sich die Mücken auf ihre letzte und einzige Mission, die Paarung. Deswegen haben sie auch nur noch das, was sie dafür brauchen: Fortpflanzungsorgane, Beine und Flügel. Zumindest die Männchen, die Weibchen sind nur noch ein wurmartiger Sack voll Fortpflanzungsorgane, der auf der Wasseroberfläche treibt. Die Männchen hingegen haben Ähnlichkeit mit den handelsüblichen Mücken, die im Sommer so gerne unerwünschterweise in unseren Zimmern und Gärten rumfliegen, stechen können sie aber nicht. Sie sind mit ungefähr 1,5 Millimetern Körperlänge ähnlich groß, aber ihr Hinterleib ist dicker und jadegrün gefärbt, und ihre Flügel sind zu Paddeln umkonstruiert. Die Männchen schwimmen nämlich, indem sie ihre Flügel als Paddel einsetzen. Aus diesem Grund wird diese Mückenart auch als flügellos bezeichnet, obwohl sie Flügel hat – weil sie nicht fliegen können, dafür aber schwimmen. Die Männchen schwimmen also zu den Weibchen, packen sie mit ihren Beinen, begatten sie und helfen kurz bei der Eiablage, bevor sie versuchen, noch ein zweites Weibchen zu beglücken, wenn die Zeit reicht. Dann ist das Schauspiel auch schon wieder vorbei, und die Mücken sterben nach getaner Arbeit. Für ein Kennenlernen und Abendessen ist keine Zeit und auch keine Möglichkeit, denn sowohl der Mund als auch der Verdauungstrakt wurden wegrationalisiert. Dass die adulte Form nur noch zur Paarung dient und sehr kurzlebig ist, ist bei Insekten nicht ungewöhnlich, aber die extrem kurze Lebensspanne von maximal drei Stunden ist doch eher eine Seltenheit. Daher hat es wahrscheinlich auch so lange gedauert, bis diese marinen Mücken überhaupt entdeckt wurden. Am ehesten trifft man sie auf flachen Lagunen bei Vollmond oder Neumondnächten an. 10 bis 15 Minuten nach Sonnenuntergang tauchen erst die Männchen auf, und etwa 20 Minuten später kommen dann die Weibchen. Was hier klingt wie ein Warzen-weg-Zauber aus einem Hexenalmanach ist eine ernst gemeinte Handlungsempfehlung für WissenschaftlerInnen, die ein paar Mücken fangen wollen. Denn tatsächlich scheint es, als ob das Verpuppen der Larven und das Schlüpfen der Mücken vom Sonnenlicht und dem Mondzyklus gesteuert wird. Es ist übrigens auch ein Rätsel, wie sich diese Mückengattung mit ihrer extrem kurzlebigen adulten Form und Larven, die nur eine fünfprozentige Überlebenschance haben, so weit über die Welt verbreiten konnte. Die gängigsten Theorien vermuten, dass Larven auf Treibholz oder sogar Schildkrötenrücken in neue Gebiete gebracht wurden.

Jetzt denkt ihr vielleicht, zum Glück haben wir hier in Europa keine ekligen Insekten im Meer, aber nein, natürlich gibt es auch hier welche, denn wo ein Lebensraum Platz bietet, wird er von irgendwelchen Lebewesen besetzt. Die marine Zuckmücke, die man in Europa an der Atlantikküste antreffen kann, nennt sich *Clunio marinus.* Aber keine Sorge, auch die gehört zu den nicht stechenden Arten. Auch wenn man argumentieren könnte, dass diese Mücken nicht exklusiv marin sind, will ich sie hier doch erwähnen. Zum einen, weil sie hier in Europa heimisch sind, und zum anderen, weil sie im Gegensatz zu den anderen marinen Insekten zumindest in der Wissenschaft recht bekannt sind. Sie werden nämlich gerne benutzt, um den zirkadianen Rhythmus, besser bekannt als innere Uhr, bei Tieren besser zu verstehen. Zirkadian geht auf das Lateinische zurück und bedeutet so viel wie »um den Tag herum«. Man geht davon aus, dass alle Lebewesen so eine innere Uhr besitzen, denn sie ist wichtig für das eigene Überleben. Da die Erde sich um ihre eigene Achse dreht, entsteht der 24-stündige Tag, der eine dunkle Phase, die Nacht, und eine helle, den Tag, hat. In diesen Hell- und Dunkelperioden ändern sich nicht nur Umweltbedingungen wie die Temperatur, sondern man ist zum Beispiel tagsüber besser für Fressfeinde zu sehen, oder man kann nachts besser jagen, da man durch die Dunkelheit geschützt ist. Das ist alles eine Sache der Anpassung. Nichtsdestotrotz muss jeder Organismus auf diese fortlaufenden Veränderungen während eines Tages reagieren, und das wird durch die innere Uhr gesteuert, die in jeder unserer Zellen tickt.

Das heißt zum Beispiel, wir entscheiden nicht bewusst, dass wir müde sind, weil es draußen dunkel wird, sondern dieser Vorgang läuft im Inneren unserer Zellen auf molekularer Ebene ab. Das Interessante daran ist, dass dieser innere Rhythmus, der ungefähr 24 Stunden lang ist, unabhängig ist von äußeren Reizen. Da der Rhythmus aber eben nicht exakt 24 Stunden lang ist und es dadurch zu Verschiebungen kommt, nutzt er äußere Reize wie das Sonnenlicht, um sich zu korrigieren. Diese Reize werden »Zeitgeber« genannt. Ein bekanntes Beispiel davon, wie eine innere Uhr mal durcheinandergeraten kann, ist der Jetlag. Durch die Reise in ein Land westlich von uns wird der Tag, so wie der Körper ihn erwartet, plötzlich länger, und man ist schon am helllichten Mittag todmüde. Reisen wir in den Osten, können wir auch spät nachts nicht schlafen, weil die innere Uhr denkt, es sei gerade erst nachmittags. Wir sind nun aber nicht aufgrund eines Langstreckenfluges auf ewig verdammt, im Dunkeln zu leben, sondern der Körper kann mithilfe der Zeitgeber auf die Änderung im Tagesrhythmus reagieren und sich in relativ kurzer Zeit an die neuen Umstände anpassen.

Die molekularen Vorgänge der inneren Uhr sind sehr komplex und kompliziert und können in den verschiedenen Tierklassen extrem unterschiedlich sein. Die prinzipielle Grundlage der inneren Uhr ist ein Aktivieren und Hemmen von Genen in den Zellen. Es gibt zum Beispiel die Aktivatorproteine BMAL1 und CLOCK, die jeden Morgen die zwei Gene *Cryptochrome* und *Period* aktivieren, also anschalten. Durch dieses Anschalten werden in der Zelle die zwei Proteine CRY und PER produziert. CRY und PER schließen sich dann zu einem Komplex zusammen, wandern in den Zellkern und legen sich auf die eben genannten Aktivatorproteine BMAL1 und CLOCK und hemmen sie. Durch diese Hemmung werden die Gene *Cryptochrome* und *Period* nicht mehr aktiviert und im Gegenzug immer weniger CRY- und PER-Protein produziert, sodass die Konzentration dieser Proteine in der Zelle mit der Zeit sinkt. Da nun weniger CRY/PER-Protein da ist, werden aber wiederum die Gene weniger gehemmt, sodass die CRY/PER-Protein-Produktion steigt. Dies ist ein sich ewig aktivierender und hemmender Kreislauf, und der definiert den 24-Stunden-Takt der Zelle. Man kann sich das vorstellen wie bei einem Fußballtraining. Der Torwart (Aktivatorproteine) steht im Tor und schießt Fußbälle auf einen Spieler (C/P-Gen). Der Spieler wird durch die Bälle aktiviert, und er schießt, sobald er ein paar Bälle gesammelt hat, diese an den Torwart zurück. Der Torwart muss nun zusätzlich die zurückkommenden Bälle (CRY/PER-Protein) aufhalten und kann deshalb weniger Bälle zum Spieler schießen. Irgendwann sind alle Bälle wieder beim Torwart. Wenn der Punkt eingetroffen ist, sind 24 Stunden vorbei, und der Kreislauf geht von vorne los.

Der eben erklärte Kreislauf ist nur ein Teil von einem noch komplexeren molekularen Ablauf der inneren Uhr, aber er gibt eine Idee davon, wie das Ganze in der Zelle funktioniert. Erst 2017 wurde der Nobelpreis in Medizin (wie wir schon gelernt haben, gibt es ja keinen für Biologie) an Jeffery Hall, Michael Young und Michael Rosbash vergeben – für ihre Entschlüsselung der molekularen Grundlagen der zirkadianen Rhythmik in der Taufliege *Drosophila melanogaster*. *Drosophila,* wie sie umgangssprachlich

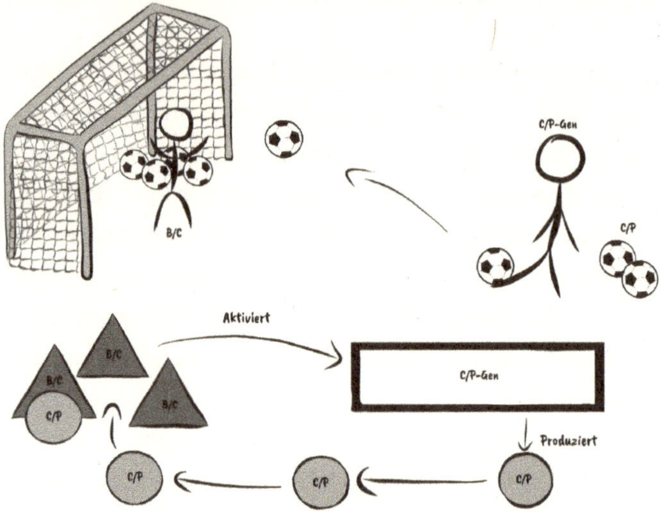

Die Aktivatorproteine BMAL1 *und* CLOCK *(B/C) aktivieren die Gene* Cryptochrome *und* Period *(C/P-Gene). Diese produzieren die Proteine* CRY *und* PER *(C/P), die sich an die Aktivatorproteine anlagern und sie so funktionsunfähig machen. Dadurch wird jedoch ihre eigene Produktion gehemmt, und ihre Konzentration sinkt, bis nach etwa 24 Stunden so wenig von ihnen übrig ist, dass die Aktivatorproteine wieder aktiv werden und der Kreislauf wieder anlaufen kann.*

unter Biologen genannt wird, ist weltweit bekannt. Dabei handelt es sich um die kleinen Fruchtfliegen, die im Sommer massenhaft aus Obstschüsseln und Mülleimern strömen und fast nicht loszuwerden sind. Aber *Drosophila* ist nicht die einzige Fliege, die genutzt wird, um mehr über die innere Uhr herauszufinden, sondern – jetzt sind wir wieder bei unseren marinen Insekten angelangt – eben auch die marine Mücke *Clunio marinus*. Sie ist vielleicht nicht so exklusiv marin wie die anderen erwähnten Insekten, da sie in der adulten Form voll ausgebildete Flügel besitzt und fliegen kann, also zumindest die Männchen. Dabei verlieren sie allerdings mit ihren Füßen nie den Kontakt zum Wasser und schweben wie kleine Helikopter darüber. Sowohl in ihrem Lebenszyklus als auch optisch sind sie *Pontomyia* sehr ähnlich, da beide zu den Zuckmücken gehören. Ihre Larven leben in Küstennähe unter Wasser und ernähren sich von Algen. Die Larven von *C. marinus* bauen sich manchmal eine Schutzhülle aus kleinen Steinen, Sand und Geröll und sind so leichter von den optisch ähnlichen Larven von *Pontomyia* zu unterscheiden. Auch sie verpuppen sich, treiben zur Oberfläche und schlüpfen in adulter Form aus ihren Puppen, um sich zu paaren. Und auch sie haben denselben enormen Zeitdruck von nur ein bis drei Stunden, um sich fortzupflanzen. Bei diesen Mücken kommt erschwerend hinzu, dass sie ihre Eier nicht einfach ins Meer ablegen können. Sie brauchen ein Stück trockenen Meeresboden. Daher muss ihr Schlüpfen am besten zur Nipptide, der tiefsten Ebbe des Monats, geschehen und muss also perfekt getimt sein. Weil Ebbe und Flut sich alle 12 Stunden und 25 Minuten abwechseln, verschieben sich die Ebbe-Zeiten täglich um 50 Minuten. Nicht nur die Tageszeiten, sondern auch die Stärke der Gezeiten sind abhängig vom Stand des Mondes, und da sie zusätzlich mit der Erddrehung zusammenhängen, sind die maximalen Tief- und Höhepunkte an verschiedenen geografischen Orten schon bei nur wenigen Kilometern Entfernung zeitlich versetzt. Daher müssen *C. marinus*-Populationen exakt an ihre Orte angepasst sein. Populationen an unterschiedlichen Orten schlüpfen daher zu verschiedene Zeiten an verschiedenen Tagen.

Dieses Phänomen ist es, was die Mücken nicht nur einzigartig, sondern auch für die Forschung besonders interessant macht. Werden die Mondphasen, die die Gezeiten regulieren, von den Mücken auch auf molekularer Basis bestimmt, oder geschieht das nur über externe Zeitgeber, zum Beispiel über das Mondlicht? Dafür haben Forscher Mücken aus zwei verschiedenen Populationen gesammelt und im Labor unter ihren gewohnten Umweltbedingungen gehalten. Die Mücken kamen von Orten, an denen die Nipptide nicht am selben Tag stattfindet, die einen kamen aus der Normandie, die anderen von der Baskenküste. Die Normandiemücken schlüpften im Durchschnitt vier Stunden vor Dunkelheitseinbruch am vierten Tag eines Mondzyklus. Die Baskenmücken schlüpften im Durchschnitt eine Stunde nach Dunkelheitseinbruch am zwölften Tag des Mondzyklus. Als man nun diese zwei Mückenpopulationen künstlich kreuzte und ihre Nachkommen beobachtete, passierte Folgendes: Die Nachkommen schlüpften im Durchschnitt zwei Stunden vor Dunkelheitseinbruch am siebten Tag des Mondzyklus. Das Schlüpfverhalten der Nachkommen liegt also zeitlich gesehen genau zwischen dem Verhalten der Eltern. Da die Nachkommen ganz genauso gehalten wurden wie ihre Eltern, ist der einzige Unterschied zu ihren Eltern ihre genetische Mischung. In dieser Studie konnte so zum allerersten Mal gezeigt werden, dass es nicht nur eine innere Uhr zur Tagesmessung gibt, sondern dass auch die Mondphasenmessung, der zircalunare Rhythmus, über eine innere molekulare Uhr gesteuert wird. So haben diese kleinen Mücken geholfen, die Forschung am zircalunaren Rhythmus, der vor allem in der marinen Welt bei der Fortpflanzung eine große Rolle spielt, voranzutreiben.

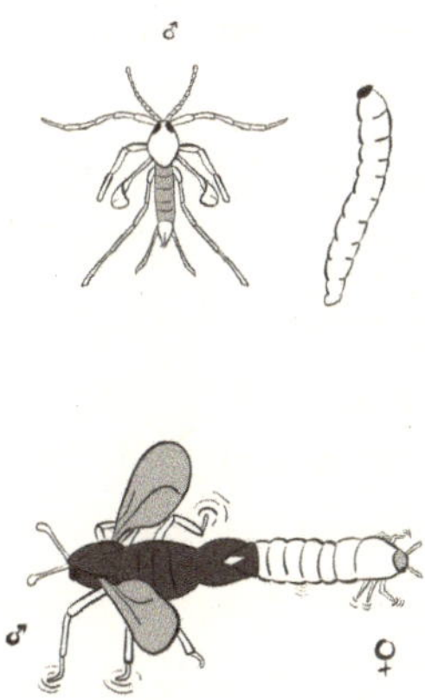

Oben: adulte Mücke und Larve von Pontamyia sp.
Unten: Clunio Marinus *bei der Paarung*

Aber warum haben sich denn nun nur so wenige Insekten den Lebensraum Meer erobert? Dazu gibt es in der Wissenschaft verschiedene Theorien. In den letzten 30 Jahren waren es fünf, um genau zu sein. Jeroen Van der Haag war 1996 der Meinung, dass Insekten es nie ins Meer geschafft haben, weil sie in engem Kontakt mit Angiospermen, Blütenpflanzen, leben. Viele Insektenarten sind wichtige Bestäuber für Blütenpflanzen und mit diesen fast schon symbiotisch verbunden. Manche Pflanzen und Insekten haben sich im Laufe der Evolution so aneinander angepasst, dass sie komplett abhängig voneinander sind. Die Rolle der Insekten als Bestäuber ist so essenziell, dass das Insektensterben, das momentan beobachtet wird, auch eine dramatische Konsequenz für die menschliche Nahrungsmittelproduktion haben kann. Denn auch unsere Nutzpflanzen müssen erst bestäubt werden, bevor aus ihren Blüten Obst und Gemüse gedeihen kann.

Die Idee von Van der Haag war also: Dort, wo es keine Blütenpflanzen gibt, können auch keine Insekten leben. Und im Meer gibt es wirklich kaum welche, Seegräser sind die einzigen Blütenpflanzen, die dort wachsen. 1998 argumentierten Jeff Ollerton und Duncan McCollin, dass Insekten schon 200 Millionen Jahre vor den Blütenpflanzen existierten und viele Insekten auch heute nicht als Bestäuber fungieren würden. Simon H. Maddrell schlug vor, dass die Abwesenheit von Insekten im Meer hauptsächlich daran liegen müsste, dass durch die vielen Fische ein zu hoher Räuberdruck entstanden sei. Das Tracheensystem, das die Insekten zum Atmen nutzen, würde sie am Abtauchen und Verstecken hindern und sie seien somit ihren Verfolgern schutzlos ausgeliefert. Geerat J. Vermeij und Robert Dudley stellten 2000 fest, dass ein Wechsel zwischen Meer, Land oder Süßwasser als Lebensraum generell sehr selten vorkomme, da die Unterschiede in den Lebensräumen sehr drastisch sind. Eindringlinge aus anderen Milieus hätten oft keine Chance gegen die gut angepassten einheimischen Arten und könnten sich deshalb dort nicht etablieren. Sie meinten also, der Lebensraumwechsel im Falle der Insekten vom Land ins Meer sei zu schwierig.

2007 widersprachen Graeme D. Ruxton und Stuart Humphries beiden Theorien. Sie zeigten auf, dass es im Süßwasser und auch in großen Tiefen sehr wohl verschiedene Insekten gibt, wie der Fund von Zuckmückenlarven in 1360 Meter Tiefe im Baikalsee oder eine Steinfliegenlarve in 80 Meter Tiefe im Lake Tahoe zeigen. Noch dazu gibt es diverse Larven von Süßwasserinsekten, die sogar mit Kiemen ausgestattet sind. Und die Larve der Buschelmücke entgeht ihren fischigen Fressfeinden mit einer vertikalen Wanderbewegung: Nachts geht's nach oben zur Wasseroberfläche, um zu fressen, tagsüber versteckt sie sich am Seegrund. Warum sollte das alles denn im Meer nicht gehen? Auch die Existenz von über 45 000 Arten an Süßwasserinsekten, die aus Landinsekten entstanden, sprechen dafür, dass es möglich ist, das Milieu zu wechseln.

Aber warum haben es dann nicht mehr Insekten ins Meer geschafft? Ruxton & Humphries vermuten: Es liegt an den Flügeln. Fast alle Insekten haben ein Lebensstadium, meist ihr letztes, in dem sie Flügel besitzen. Diese Flügel kommen oft, nachdem die Insekten in einer Puppe oder einem Kokon die Metamorphose in eine adulte Form abgeschlossen haben. Wenn sich das Insekt aus der Hülle befreit, muss es erst mal seine Flügel ausklappen und sie trocknen lassen. Das geht vielleicht auf einem See, aber nun stellt euch mal vor, ihr seid ein winzig kleines Insekt auf einem wellengepeitschten, windigen Meer. Da wird das wahrscheinlich nichts mit dem Trocknenlassen. Daher haben die marinen Insekten, die es gibt, ja auch umgerüstet auf Paddel oder die Flügel einfach gleich ganz weggelassen. Und auch von dem Argument, dass die Eiablage zwangsläufig wie bei den Meeresläufern auf einem schwimmenden Objekt geschehen muss, die ja Mangelware sind, bin ich nicht ganz überzeugt. Die Beispiele von den Meeresläufern, Korallenläufern und Zuckmücken zeigen doch, dass es Alternativen zu diesen Problematiken gibt, und ein luftgefüllter, schwimmender Eiersack ist, glaube ich, nichts, was die Evolution nicht hinbekommen kann. Daher finde ich persönlich folgende Theorie am interessantesten:

Henrik Glenner veröffentlichte mit einigen KollegInnen 2006 im Paper »The Origin of Insects« eine Theorie, die einen ganz anderen Weg geht. Um sie zu verstehen, müssen wir etwas detaillierter in die Evolutionsbiologie eintauchen. Insekten (*Insecta*) gehören zu dem Unterstamm der Sechsfüßer (*Hexapoda*), die wiederum zum Stamm der Gliederfüßer (*Arthropoda*) gehören. Die Gliederfüßer haben noch vier weitere Unterstämme: die Kieferklauenträger (*Chelicerata*), zu denen die Spinnen gehören – die sind nämlich keine Insekten –, die schon ausgestorbenen Trilobiten (*Trilobitomorpha*), die Tausendfüßer (*Myriapoda*) und die Krebstiere (*Crustacea*). Das bedeutet, dass alle diese Unterstämme ursprünglich von denselben Vorfahren abstammen. Diese Stammbäume und Eingruppierungen basierten früher zum einen auf Fossilien, zum anderen auf morphologischen Merkmalen der Tiere, aber durch die Möglichkeit der mittlerweile sehr einfachen DNS-Sequenzierung wurden einige Stammbäume und Ordnungen ziemlich durcheinandergebracht. So auch die der Gliederfüßer. Früher ging man davon aus, dass die Unterstämme der Krebstiere und Sechsfüßer von demselben Vorfahren abstammen. Nun ist es aber so, dass die ersten Krebsfossilien, die in marinen Sedimenten gefunden wurden, etwa 511 Millionen Jahre alt sind. Die ersten Sechsfüßerfossilien tauchen aber erst vor 410 Millionen Jahren, also 100 Millionen Jahre später, im Erdzeitalter Devon auf. Außerdem wurden ihre Überreste nicht in marinen Sedimenten gefunden. Wo waren also die Sechsfüßer diese 100 Millionen Jahre lang? Als Glenner und seine KollegInnen sich dem Stammbaum der Gliederfüßer aus der genetischen Perspektive näherten, zeigte sich, dass die Sechsfüßer gar kein eigener Unterstamm der Gliederfüßer sind, sondern zu den Krebstieren gehören. Ihre Genanalysen legen nahe, dass sich die Sechsfüßer vor 411 Millionen Jahren aus der Klasse der Kiemenfußkrebse (zu denen gehören auch die Urzeitkrebse die es immer im Yps-Heft gab) im Süßwasser entwickelt haben und dann ans Land gewandert sind. Zu dieser Zeit herrschte nämlich eine große Dürre, die viele Lebewesen zwang, sich an ein Landleben anzupassen, um zu überleben. Und um jetzt wieder auf meine Lieblingstheorie zurückzukommen, warum es im Meer kaum Insekten gibt: In der Zeit, in der sich die Insekten perfekt an das Land anpassten, haben sich die Krebse schon längst auf das Meer spezialisiert und sich dort breitgemacht. Da Insekten und Krebstiere nah verwandt sind, besetzen sie ähnliche Nischen. Damit stehen sie in direkter Konkurrenz zueinander. Deshalb gibt es so wenige Insekten, die noch einen Le-

Kladogramm Evolutionsgeschichte der Sechsfüßer nach Glenner et al.

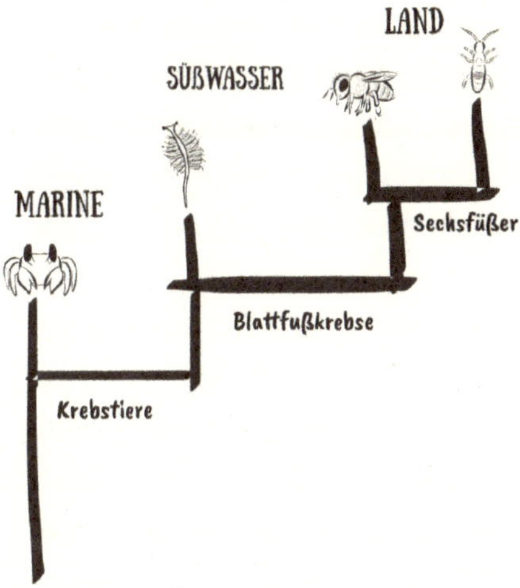

bensraum im Meer finden – genauso, wie es wenige Krebse gibt, die es an Land geschafft haben.

Glenner und seine KollegInnen haben mit ihrer Studie nicht nur den Stammbaum der Gliederfüßer, sondern auch viele WissenschaftlerInnen durcheinandergebracht. Momentan ist man sich aber ziemlich einig, dass diese Theorie korrekt ist und die Sechsfüßer zum Unterstamm der Krebstiere gehören. Allerdings gehen wir inzwischen davon aus, dass die Sechsfüßer schon viel früher als gedacht an Land gekrabbelt sind, und zwar schon vor ungefähr 485 Millionen Jahren im Ordovizium. Ob nun der Vorfahre der Sechsfüßer aus dem Meer, Brackwasser oder Süßwasser kam, ist jedoch weiterhin unklar.

Aber ob Meer oder Süßwasser, hin oder her: Die Aussage, es gebe keine Insekten im Meer, ist nicht korrekt. Denn Insekten sind eigentlich nur die Antwort der Krebstiere auf den Lebensraum Land. Und so, wie es auch bei den Krebsen ein paar Ausreißer gibt, die sich dem Landleben gewidmet haben, so haben sich eben auch ein paar Insekten zurück ins Meer verirrt.

Erst 2018 wurde wieder eine neue Art mariner Insekten beschrieben: *Dicrotendipes sinicus.* Diese Mücke wurde bisher ausschließlich in künstlich angelegten Salzwassertümpeln in China in der Region um Shanghai gefunden. Es wird aber vermutet, dass sie auch in Küstennähe lebt. Sie gehört wie *Pontomyia* zur Familie der Zuckmücken, bildet aber eine eigene Gattung. Ihre Larven leben unter Wasser und ernähren sich von Algen. Auch ihre adulte Form ist wie bei *Pontomyia* an das Wasser angepasst. Die Flügel sind ebenfalls zurückgebildet, dienen aber nicht als Paddel, sondern als Propeller, um über die Wasseroberfläche zu gleiten.

Die Vielfalt und der Ursprung der marinen Insekten ist definitiv noch nicht bis in den letzten Winkel erforscht. Und auch wenn nur wenige WissenschaftlerInnen sich mit ihnen beschäftigen, bin ich überzeugt, dass wir in den nächsten Jahren noch mehr von und über sie erfahren werden.

Wie Fische die Welt sehen

Es war eine der großen Fragen von 2015: Ist das Kleid nun schwarz-blau oder weiß-gold? Jemand hatte ein Foto von einem schwarz-blauen Kleid im Internet geteilt, und die Menschheit schlug sich über die Farbe digital die Köpfe ein. Warum waren so viele Leute davon überzeugt, ein weiß-goldenes Kleid auf dem Foto zu sehen? Auch die Wissenschaft hielt das für eine spannende Frage. Sie stürzte sich auf diese optische Illusion und die riesige Probandengruppe, die online bereits zur Verfügung stand. Mittlerweile wurden einige wissenschaftliche Berichte und Theorien zu diesem Thema veröffentlicht. Eine gängige Theorie besagt, dass die eigene Farbwahrnehmung davon beeinflusst wird, ob man unterbewusst glaubt, das Kleid wurde in natürlichem oder künstlichem Licht fotografiert. In dem Bild ist keine konkrete Lichtquelle erkennbar, daher muss das Gehirn improvisieren. Wenn man das Licht als natürlich interpretiert, sieht man Weiß und Gold, wenn man denkt, es sei künstlich, erscheint das Kleid blau und schwarz. Aber die genaue Erklärung, wie diese optische Illusion zustande kommt, ist uns die Wissenschaft noch schuldig.

Dass optische Illusionen, auch visuelle Illusionen

genannt, existieren, weiß man schon sehr lange. Schon die alten griechischen Philosophen versuchten zu erklären, wie diese zustande kommen. Manche waren der Meinung, sie basieren auf fehlerhafter Reizverarbeitung durch die Sinnesorgane. Andere, dass der Geist selbst getäuscht wird. Aristoteles war der Meinung, dass beides, sowohl der Geist als auch die Sinnesorgane, eine Rolle dabei spielt, dass wir uns von visuellen Illusionen täuschen lassen. Seine Theorie blieb über die nächsten Jahrhunderte bestehen. Erst im 19. Jahrhundert widmeten sich WissenschaftlerInnen wie Johannes Müller, Herman von Helmholtz und Johan Joseph Oppel intensiv visuellen Täuschungen und versuchten, sie mit Experimenten und neu entwickelten Illusionen zu erklären. Immer noch wurde darüber diskutiert, ob nun der Ursprung der Täuschung im Hirn oder, wie beispielsweise bei der Kurzsichtigkeit, im Auge zu suchen sei. Einig waren sie sich aber darüber, dass diese Illusionen, die ja Abweichungen von der Regel, wie wir sehen, darstellen, dafür genutzt werden können, das Verarbeiten von Sinneseindrücken zu untersuchen und besser zu verstehen. In der zweiten Hälfte des 19. Jahrhunderts entstanden so viele neue optische Illusionen, die wir bis heute kennen und die damals wie heute oft zur Unterhaltung genutzt werden. Auch in der Wissenschaft finden sie noch immer Verwendung und werden eingesetzt, um ein besseres Verständnis für das Sehen zu entwickeln und für die psychologischen, neurologischen und physiologischen Prozesse, die damit zusammenhängen. Nicht nur Menschen, sondern auch Tiere wurden bereits auf ihre Reaktion auf optische Illusionen hin untersucht.

Fische wurden dabei sehr lange außer Acht gelassen. Dabei sind ihre Augen gar nicht so verschieden zu unseren, sie sind sogar sehr ähnlich aufgebaut. Fischaugen bestehen aus Hornhaut, Pupille, Iris, Linse und Netzhaut, genau wie unsere. Das ist auch nicht weiter verwunderlich, so hatten auch unsere letzten gemeinsamen Vorfahren schon Augen ausgebildet. Die meisten Fische sind in der Lage, Farben zu sehen, sogar in Lichtspektren wie Fluoreszenz, UV-Licht oder polarisiertem Licht, die für uns verborgen bleiben. Trotzdem haben sie natürlich, angepasst an ihren Lebensraum, ein paar Besonderheiten, mit denen sie sich von uns unterscheiden. Der Vorteil daran, im Wasser zu leben, ist, dass die Augen nicht vor dem Austrocknen geschützt werden müssen, so kann man sich die Augenlider sparen. Tränen zum Säubern der Augen sind dementsprechend auch überflüssig. Um unsere Sicht auf ein bestimmtes Objekt zu fokussieren, können wir die Form unserer Linse muskulär verändern. Fische können das nicht. Ihre kugelförmige Linse ist starr. Zum Fokussieren schieben sie ihre Linse nach hinten oder vorne. Ihre Linse ist dichter als unsere und hat einen Brechungsindex ähnlich zu Wasser. Das erlaubt ihnen klare Sicht unter Wasser, wo wir nur verschwommen sehen können. Die Kugelform der Linse und die Platzierung der Augen meist an der Seite des Kopfes gibt den Fischen eine extrem gute Rundumsicht. Der fehlt allerdings die räumliche Tiefe, dafür werden nämlich sich überschneidende Sichtfelder gebraucht. Das dreidimensionale Sichtfeld von Fischen liegt direkt vor ihrer Nase und ist ziemlich schmal. Es reicht aber, um Experimente mit optischen Illusionen mit ihnen zu machen.

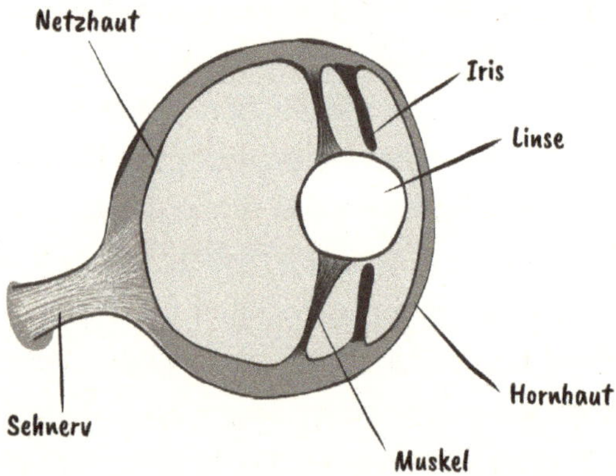

Querschnitt eines Fischauges. Sie sind ähnlich aufgebaut wie menschliche Augen, aber haben im Gegensatz zum Menschen ihren Fokus im Ruhezustand im Nahbereich. Wahrscheinlich, weil die Weitsicht im Wasser in der Regel begrenzt ist.

Die ersten Studien zur Wirkung von optischen Illusionen an Fischen wurden in den 1930er-Jahren gemacht, dann wieder in den 1960er-Jahren, und dann ist 40 Jahre lang nichts passiert. Vielleicht wurden Fische so lange nicht beachtet, weil sie als dumm und instinktgetrieben galten, da ihnen die Großhirnrinde fehlt. Diese Meinung hat sich aber im 21. Jahrhundert geändert, und auch Fische durften sich endlich an optischen Illusionen versuchen. In unterschiedlichen Studien mit verschiedenartigen Süß- und Salzwasserfischen wurde ihre Reaktion auf allerlei dieser Illusionen getestet. Die meisten dieser Illusionen habt ihr sicher schon einmal gesehen, ihr könnt euch ja gleich mal mit testen.

Beginnen wir mit den sogenannten geometrischen Wahrnehmungstäuschungen:

Welcher schwarze Kreis ist größer: A oder B?

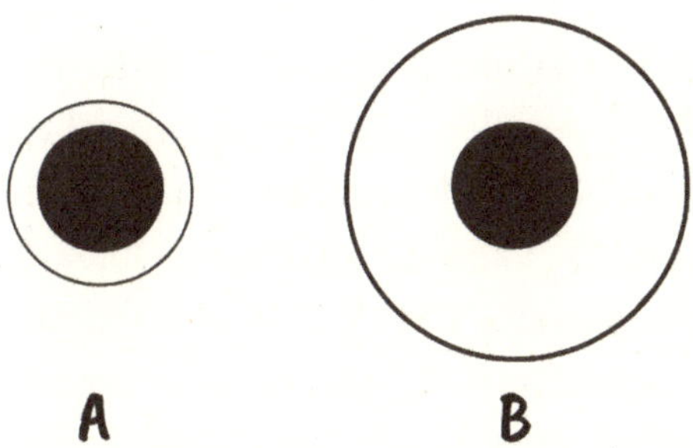

Delboeuf-Illusion

Und in der folgenden Abbildung – welcher graue Kreis ist größer, A oder B?

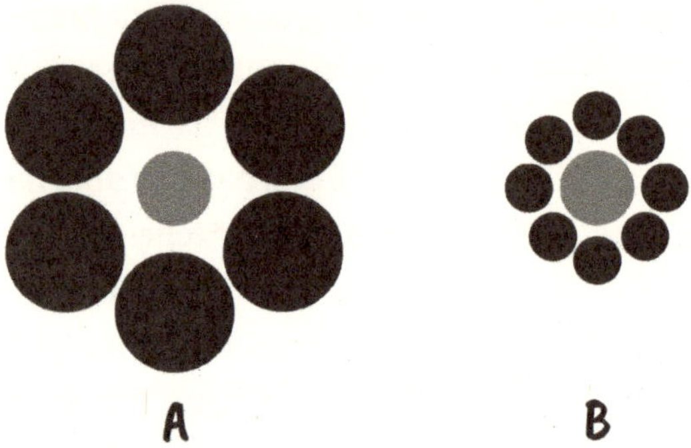

Ebbinghaus-Illusion

Bei den geometrischen Wahrnehmungstäuschungen oder Illusionen werden geometrische Figuren vom Betrachter anders wahrgenommen, als sie tatsächlich sind. In der ersten Abbildung erscheint der Kreis A größer und in der zweiten Abbildung der Kreis B. In Wahrheit sind die Kreise aber in ihrer Größe jeweils identisch, und man ist einer optischen Täuschung aufgesessen. Fast alle Menschen fallen auf diese Illusion herein. Eine Theorie, der sogenannte Kontexteffekt, vermutet, dass wir Objekte, hier die Kreise, nicht ohne die benachbarten Kreise wahrnehmen können und sie automatisch miteinander in Beziehung setzen, um ihre Größe einzuschätzen. Das heißt, weil die schwarzen Kreise bei

A so groß sind, wirkt der graue Kreis im Vergleich zu ihnen klein. Bei B sind sie kleiner als der graue Kreis und lassen ihn so größer wirken. Das hinterlässt bei uns den Eindruck, dass die grauen Kreise unterschiedliche Größen haben, obwohl sie identisch sind.

Auch bei der folgenden Illusion könnte dieser Effekt eine Rolle spielen. Welche Linie ist wohl länger – A oder B?

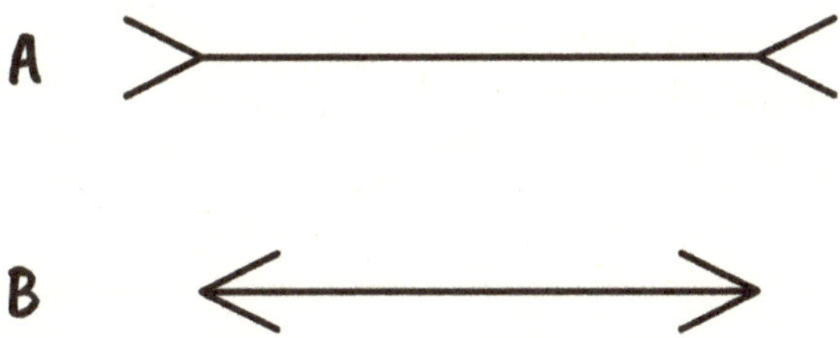

Müller-Lyer-Illusion

Auch wenn A deutlich länger erscheint, ist die Antwort auf diese Frage: Beide Linien sind exakt gleich lang. Der Kontexteffekt besagt, dass wir unbewusst den ganzen Kontext sehen, also in diesem Fall die Linie inklusive der Pfeilspitzen. Dann wäre Linie A länger. Eine andere Theorie besagt, dass wir die Linien durch ihre Anordnung unbewusst als räumliche Objekte wahrnehmen. Dadurch erscheint Linie A weiter weg und wird damit als länger interpretiert.

Warum wir uns so täuschen lassen, ist nicht abschließend geklärt, und obwohl diese Illusionen schon im 19. Jahrhundert entwickelt wurden, wird immer noch aktiv daran geforscht. Sicher ist, dass diese Täuschungen nichts mit unseren Augen zu tun haben und wir sie auch nicht aktiv »wegdenken« können. Selbst wenn wir die richtige Lösung kennen, bleibt der falsche Eindruck bestehen. Die Information wird also irgendwie falsch in unserem Hirn verarbeitet. Das erlernen wir übrigens erst im Laufe unseres Lebens. Die Täuschungen funktionieren nämlich nicht bei Kindern.

Wie ist das Ganze aber nun bei Fischen? Werden die auch von solchen Illusionen getäuscht? Diese Frage wirkt auf den ersten Blick etwas abwegig, vielleicht war sie deswegen nie wirklich in der Wissenschaft relevant. Zumindest bis jetzt. Zugegebenermaßen ist das auch nicht ganz einfach zu testen. Man kann die Fische ja schlecht fragen. Um dieses Kommunikationsproblem zu lösen, hat man die Fische mit einem klassischen Belohnungssystem trainiert: Immer, wenn sie bei einer Auswahl von zwei unterschiedlich großen Kreisen den größeren Kreis mit der Schnauze anstupsten, wurden sie mit Futter belohnt. Sobald sie gut trainiert waren, wurden ihnen die Delboeuf- und die Ebbinghaus-Illusion gezeigt – die ersten beiden Abbildungen weiter oben – und geguckt, welchen der beiden Kreise sie auswählten. Das ist, ihrem Training entsprechend, der Kreis, den sie als größer wahrnehmen. Es zeigte sich, dass Mönchsfische (*Chromis chromis*), die ursprünglich einzige im Mittelmeer vorkommende Riffbarschart, genauso wie wir Menschen auf die optische Täuschung hereinfallen. Graue Bambushaie (*Chiloscyllium griseum*) hingegen, eine kleine, bodenbewohnende Haiart, die, wie der Name schon verrät, in tropischen Gewässern zu finden ist, reagierten genau umgekehrt. Bei ihnen scheint diese Illusion gegenteilig zu funktionieren. Eine ähnliche Reaktion wurde auch bei anderen Tieren festgestellt, zum Beispiel bei Tauben. Eine Theorie dafür ist, dass diese Tiere weniger sensibel für Kontraste sind. Die umliegenden Kreise verschmelzen dadurch zu einem großen Kreis, und die Illusion dreht sich um. Wenn wir an die leuchtenden Haie zurückdenken, könnte es tatsächlich sein, dass die Haie Probleme haben, Kontraste, die sich nicht über Fluoreszenz abheben, zu erkennen. Natürlich unter der Prämisse, dass Bambushaie auch zu den fluoreszierenden Arten gehören. Das ist allerdings noch nicht bekannt. Zusätzlich tragen sie selbst kein Muster auf ihrer Haut, sondern sind einfarbig grau und haben eventuell ein anderes System zu PartnerInnenerkennung.

Auch die Müller-Lyer-Illusion mit den Linien wurde an grauen Bambushaien getestet. Dafür wurden die Haie vorher trainiert, die längere von zwei

Linien auszuwählen und mit der Schnauze anzustupsen. Am Ende der Trainingsphase konnten sie sogar Linien mit nur einem Zentimeter Unterschied auseinanderhalten. Beim Test mit der Illusion erwartete man nun, dass die trainierten Haie die Linie mit den nach innen gerichteten Pfeilen, die für uns Menschen länger aussieht, aussuchen würden. Aber auch diese Illusion funktionierte bei Bambushaien nicht: Sie ließen sich nicht von der Illusion täuschen und stupsten willkürlich beide Linien an.

Eine weitere Studie arbeitet mit Banderolenkärpflingen (*Xenotoca eiseni*), Süßwasser-Zierfische, die oft in Aquarien gehalten werden. Diese bekamen statt Futter soziale Nähe als Belohnung. Ein einzelner Fisch wurde in ein leeres Becken gegeben, das über zwei Tunnel mit zwei anderen Aquarien verbunden war. Einer der Tunnel führte in ein anderes, ebenfalls leeres Becken, der andere Tunnel zu den Artgenossen. Einer der Tunnel wurde mit einer langen, der andere mit einer kurzen Linie markiert. Zwei Gruppen von verschiedenen Fischindividuen wurden nun trainiert. Die eine Gruppe fand ihre Artgenossen immer in dem Tunnel mit der kurzen Linie, die andere Gruppe musste den Tunnel mit der langen Linie wählen, um zum Schwarm zurückzukehren. Als die trainierten Fische dann mit der Müller-Lyer-Illusion konfrontiert wurden, deutete ihre Tunnel-Wahl darauf hin, dass sie, wie wir Menschen, die Linien als verschieden lang empfinden. Eine andere Studie mit den wahrscheinlich bekanntesten Süßwasser-Aquarienbewohnern der Welt, Guppys (*Poecilia reticulata*), lieferte dieselben Ergebnisse.

Zusammengefasst zeigt sich also, dass die untersuchten Knochenfische, also Guppys, Mönchsfische und Banderolenkärpflinge, auf die meisten geometrischen Wahrnehmungstäuschungen genauso hereinfallen wie wir Menschen. Bei den Knorpelfischen, den Bambushaien, sah die Sache anders aus. Entweder nahmen sie die Täuschung gar nicht wahr, oder sie wirkte sogar entgegengesetzt. Interessanterweise war das für die Delboeuf-Illusion, die allererste Kreisillusion in diesem Kapitel, auch bei den Guppys der Fall.

Von links nach rechts: Guppy, Banderolenkärpfling und Mönchsfisch. Darunter liegt der Graue Bambushai.

Neben den geometrischen Wahrnehmungstäuschungen wurden auch numerische Wahrnehmungstäuschungen an Fischen getestet. Bei diesen Illusionen geht es nicht um konkrete Zahlen – das wäre schwierig an Tieren zu testen, wenn man ihnen vorher noch unsere Zahlschrift beibringen müsste. Sondern es geht darum, Mengen zu zählen. Korrekt gelesen: Fische können zählen!

Wenn man früher gelangweilt im Matheunterricht saß, war eine der großen Fragen: »Und wofür brauche ich das später?« Wahrscheinlich hat keine LehrerIn jemals drauf geantwortet, dass die Fähigkeit des mathematischen Verständnisses ein sehr wichtiger evolutionsbiologischer Vorteil ist. Sehr viele Tiere beherrschen mathematische Grundlagen wie das Zählen, auch Fische. Sie können zum Beispiel abschätzen, welche von zwei Portionen Futter die größere ist, welcher Fischschwarm aus mehr Individuen besteht oder wo die meisten Weibchen rumhängen. Das sind alles Informationen, die überlebenswichtig sein können. Ein größerer Fischschwarm bietet mehr Sicherheit als ein kleiner, es lohnt sich natürlich, zur Futterquelle mit mehr Essen zu schwimmen, und wenn man weiß, wo der Weibchen-Hotspot ist, klappt das auch mit der Vermehrung viel besser.

Im Zählen sind Fische sogar genauso gut wie andere Tiere, die wir in der Regel als schlauer einschätzen, Seelöwen zum Beispiel oder Hunde. Fische können im kleineren Zahlenbereich zwischen vier und fünf Futterstücken unterscheiden. In größeren Zahlenbereichen schätzen sie eher. Ähnlich wie wir Menschen: Man weiß genau, mit wie vielen Personen man am Mittagstisch gesessen hat, aber die Frage, ob man bei der letzten Party mit 68 oder 98 Menschen gefeiert hat, kann man vermutlich nicht beantworten.

Da Fische mathematische Fähigkeiten besitzen, kann man mit ihnen auch numerische Täuschungen wie die Solitär-Illusion testen.

Auf den ersten Blick, ohne zu zählen: Welche Abbildung hat mehr schwarze Punkte – links oder rechts?

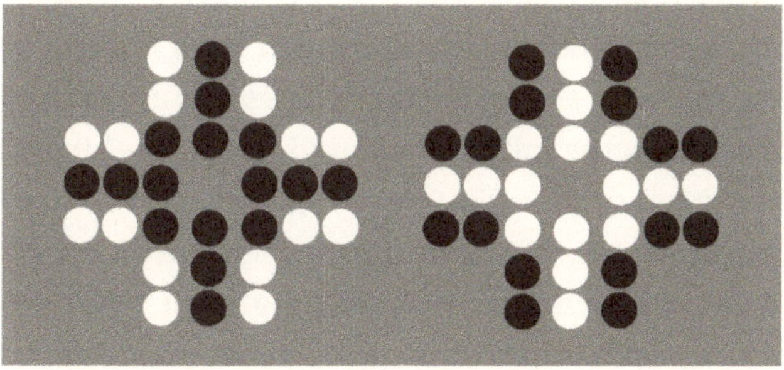

Hier scheint die Antwort links zu sein. Es sind aber auf beiden Seiten exakt gleich viele, und zwar genau 16 schwarze Punkte. Erklärt wird diese Illusion zum einen über das Gestaltgesetz der Nähe. Das Gesetz besagt, dass die Zahl der Objekte, die nahe beieinanderliegen, zusammen eine Gestalt bilden. Zum anderen über das Gestaltgesetz der guten Fortsetzung. Das wiederum besagt, dass Objekte, die auf einer Linie oder Kurve angeordnet sind, als zusammengehörig wahrgenommen werden. Objekte, die zusammen eine Gestalt bilden, werden im Vergleich zu Objekten, die kleinere, separate Einheiten bilden, in ihrer Anzahl häufig überschätzt. Es gibt kaum Forschung darüber, warum und wie wir numerische Illusionen wahrnehmen. Was wir wissen, ist, dass Objekte im Zentrum unseres Sehens meist überschätzt werden. Wohingegen Objekte, die sich in der Peripherie, also im Außenbereich unseres Sichtfelds befinden, unterschätzt werden. Das könnte bei der Solitär-Illusion eine wichtige Rolle spielen.

Numerische Illusionen wurden noch nicht häufig an Tieren getestet, daher gibt es bisher nur eine einzige Studie mit Fischen, und zwar mit Guppys. Dafür ging es für die Guppys mal wieder ins Trainingslager. Hier wurde ihnen beigebracht, zu erkennen, welche Solitär-Abbildung mehr schwarze Punkte enthält. Dafür wurden ihnen zwei Solitär-Abbildungen gezeigt, in denen unterschiedlich viele schwarze Punkte zufällig auf der Struktur verteilt waren. Das Ganze lief in verschiedenen Schwierigkeitsstufen ab, bei denen das Verhältnis der weißen Punkte zu den schwarzen immer geringer wurde. In der leichten Version waren in der linken Abbildung 11 schwarze Punkte zu sehen und in der rechten 21. Bei der nächsten waren es 13 gegen 19 schwarze Punkte, und die schwierigste Variante waren 14 gegen 18 schwarze Punkte.

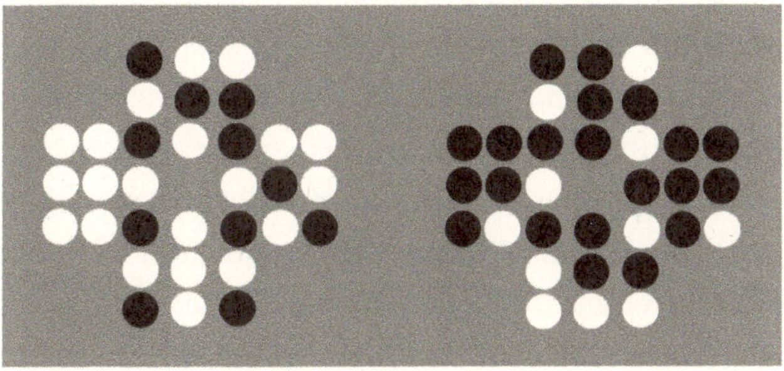

Beispiel zweier Abbildungen aus dem Guppy-Trainingslager. Links 11, rechts 21 schwarze Punkte

Hier zeigte sich schon, dass nicht alle Fische es schafften, die schwierigste Stufe zu knacken. Nach der Trainingsphase wurde den Fischen dann die vorher gezeigte Solitär-Illusion vorgeführt: Beide Abbildungen enthalten 16 schwarze Punkte, aber bei einer sind alle Punkte zusammen im Zentrum, bei der anderen sind sie am Rand verteilt. Die Idee dahinter: Wenn die Fische die Illusion genauso wahrnehmen wie wir Menschen, wählen sie die Abbildung, bei der die Punkte im Zentrum eine Gestalt bilden, da sie denken, dass diese mehr schwarze Punkte enthält. Die Ergebnisse waren allerdings gemischt. Nur ein kleiner Teil der Fischindividuen, nämlich 14 Prozent, fielen auf die Illusion herein und stupsten gezielt die Abbildung mit den schwarzen Punkten in der Mitte an. Das waren dieselben Fische, die auch die schwierigste Stufe des Trainings erfolgreich absolviert hatten. Die restlichen Fische schienen nicht auf die Illusion anzuspringen und waren vielleicht aufgrund der vielen schwarzen Punkte überfordert. So hat sich zum einen gezeigt, dass Guppys in der Lage sind, zu zählen, sonst hätte das Training ja gar nicht geklappt. Zum anderen wissen wir nun, dass es auch bei Fischen auf das Individuum ankommt, und es macht den Anschein, dass es bei ihnen eine Art numerische Begabung gibt. Je besser der Fisch in Mathe ist, desto eher lässt er sich von der Illusion täuschen.

Es gibt noch weitere, andersartige visuelle Illusionen, die an Fischen getestet wurden. Zum Beispiel Bewegungsillusionen, bei der man eine Bewegung im Bild wahrnimmt, obwohl sie gar nicht existiert:

Die Kreise außerhalb des Fokus im Augenwinkel scheinen zu rotieren.

Die getesteten Süßwasserfische schnitten hier sehr ähnlich ab wie wir. Die meisten Fische nahmen die Bewegung wahr, aber etwa 25 Prozent konnten keine Bewegung sehen. Diese prozentuale Verteilung ist sehr ähnlich zu der, die auch beim Menschen gefunden wurde, denn nicht jede Person nimmt diese visuelle Täuschung wahr.

Süß- und Salzwasserfische fielen ebenso wie Menschen auf die Simultankontrastillusion herein, die übrigens schon Aristoteles beschrieb, bei der gleichfarbige Objekte dunkler oder heller wirken, je nachdem, auf welchem Hintergrund sie liegen:

Und auch die Scheinkonturen, bei denen Konturen von Objekten wahrgenommen werden, obwohl sie, technisch gesehen, gar nicht da sind, werden von Süß- und Salzwasserfischen genauso gesehen wie von Menschen. Nur Goldfische scheinen damit etwas Probleme zu haben und erkennen die Konturen nicht immer.

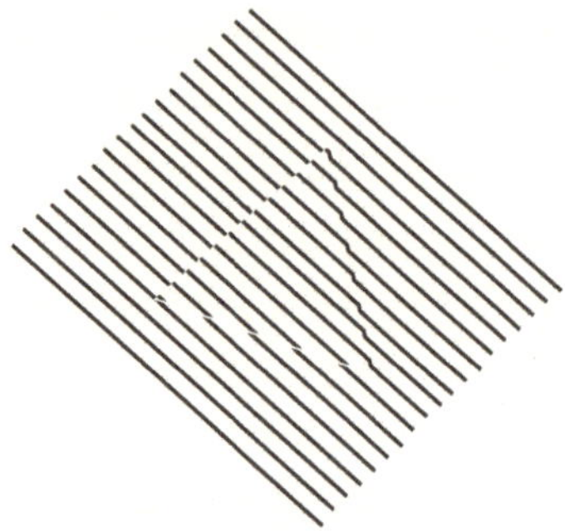

Generell sind Studien zu visuellen Illusionen an Fischen noch relativ neu. Warum sie überhaupt gemacht werden, hat verschiedenste Gründe. Zum einen machen Knochenfische ungefähr 50 Prozent aller Wirbeltiere der Welt aus. Schon mal Grund genug, dass wir Interesse an ihnen haben sollten. Da sie sehr viele, ganz unterschiedliche Lebensräume besetzen, sind sie auch in ihren Eigenschaften, Fähigkeiten und Angewohnheiten sehr verschieden. Es ist allerdings nicht immer einfach, an und mit Fischen zu forschen. Während man viele Süßwasserfische ganz prima und mit wenig Aufwand im Aquarium und somit auch im Labor halten kann, wie Guppys oder Zebrafische zum Beispiel, ist die Haltung von Salzwasserfischen meist aufwendiger. Das ist ziemlich schade, da Salzwasserfische mit geschätzten 20 000 Arten den Großteil der Fische weltweit ausmachen. Gerade Haie könnten interessant für die Forschung sein, da sie evolutionsbiologisch gesehen uralt sind. So könnten wir von ihnen beispielsweise lernen, welche Wahrnehmungstäuschungen es schon vor Millionen von Jahren gab und so unter Umständen einen evolutionsbiologischen Vorteil darstellen. Wer sich nun nicht der Fische wegen für Fische interessiert, dem sei gesagt, dass solche Studien auch helfen, den Menschen besser zu verstehen. Man blickt auf einen aus unserer Perspektive gesehen weniger komplexen Organismus, und man versucht, erst das Einfache zu verstehen, um es dann auf das Komplexe zu übertragen. Auch wenn es überraschend klingt: Was Illusionen angeht, scheinen wir ja doch irgendwie fischähnlich zu ticken.

Aber es gibt noch viele Dinge zu klären: Bei fast allen der hier erwähnten Illusionen belegten Studien bei Menschen, dass die Täuschung wohl mit der Großhirnrinde zu tun haben muss. Die Studien an Fischen, die keine Großhirnrinde besitzen, bei denen die Illusionen aber trotzdem funktionieren, zeigten, dass wohl doch noch andere Hirnstrukturen eine Rolle spielen müssen. Spannend an den visuellen Täuschungen ist, dass auch kulturelle Aspekte Einfluss auf die Wahrnehmung haben. Die geometrischen Illusionen funktionieren nicht bei

Menschen aus Kulturen, in deren Schrift und Kunst Kreise und gerade Linien so gut wie nicht existieren, beispielsweise beim San-Volk, einer ethnische Gruppe aus dem südlichen Afrika. Das bedeutet, man muss vorher schon mal einen Kreis gesehen haben, um sich von ihm täuschen zu lassen. Einfacher kann man sich das anhand der Schwarz-Weiß-Zeichnung »Liebesbotschaft der Delfine« von Sandro Del-Prete vorstellen. Durch das Spiel mit Licht und Schatten hat der Künstler eine visuelle Illusion erschaffen. Eine nackte Frau kniet auf dem Boden, hinter ihr ein Mann, der ihr Hüfte liebevoll umschlingt. Ihre Arme, die nach oben gestreckt sind, halten zärtlich den Kopf ihres Geliebten, der sich zum Kuss zu ihrem Gesicht geneigt hat. Das ist zumindest das, was Erwachsene sehen. Junge Kinder sehen kein Liebespaar, sondern acht Delfine, die fröhlich durch das Wasser gleiten. Man sieht also nur das, mit dem man auch vertraut ist und das man kennt.

Könnte das bei Fischen auch der Fall sein? Kennen Goldfische vielleicht einfach keine Dreiecke, weil die in ihrer Welt nicht vorkommen, und fallen deswegen nicht auf Scheinkonturen herein?

Visuelle Illusionen haben der physiologischen und neurologischen Forschung sehr weitergeholfen. Wir verlassen uns Tag für Tag auf unsere Augen und unsere neuronale Interpretation des Gesehenen. Damit können wir beispielsweise unsere Geschwindigkeit und Entfernungen abschätzen und zumindest meistens bremsen, bevor wir in eine Wand rennen. Wir können unsere Bewegungen koordinieren und so ein Buch aus dem Schrank nehmen, ohne danebenzugreifen, oder einen Ball auf ein Ziel werfen. Wir können uns auf unsere Sinnesorgane verlassen. Nur bei den Illusionen klappt das eben nicht. Deswegen faszinieren sie uns, und genau deswegen sind sie ein wunderbares Instrument, um mit ihrer Hilfe die Vorgänge im Sinnesorgan und in unseren Gehirnen zu untersuchen. Trotz jahrhundertelanger Forschung, was genau ihnen zugrunde liegt, ist sowohl beim Menschen als auch bei Fischen immer noch ein Rätsel. Es gibt seit Anfang des Millenniums nur eine Handvoll Studien, die sich den optischen Wahrnehmungstäuschungen bei Fischen gewidmet haben. Wir wissen also momentan noch recht wenig darüber, wie Fische ihre Umwelt visuell wahrnehmen. Es bedeutet auch, dass es hier noch viele Fragen zu beantworten und vieles Neues zu entdecken gibt.

Das Meer geht viral

Viren sind seit dem Jahr 2020 in aller Munde, sprichwörtlich. Die Coronapandemie hat unseren Alltag ziemlich auf den Kopf gestellt. Im Meer spielen Viren zwar auch eine sehr wichtige Rolle, allerdings weniger als Krankheitserreger, sondern als Evolutionstreiber und Nährstofflieferant in der Mikrowelt des Meeres. Zu den Mikroorganismen werden eine Vielzahl von verschiedenartigen Lebewesen gezählt. Was sie alle verbindet, ist, dass sie, wie der Name schon sagt, mikroskopisch klein sind. Es gibt zum einen die Prokaryoten, also Bakterien und Archaeen, zum anderen eukaryotische Einzeller wie beispielsweise Algen, Pilze, Cilliaten, Radiolaren und Dinoflagellaten. Und natürlich darf man die Gruppe der Viren nicht vergessen.

Man findet sie von der Wasseroberfläche bis in die Tiefsee und sogar im Sediment versteckt. Tatsächlich sind sie mit einer Häufigkeit von bis zu 100 Millionen Viren pro Milliliter die häufigsten »Lebewesen« im gesamten Ozean. Wenn man alle Viren im Ozean aneinanderreihen würde, würden sie eine Brücke bilden, so weit, dass sie zu den nächsten 60 Galaxien reichen würde.

Sie als Lebewesen zu bezeichnen, ist umstritten.

A) Diatomeen sind zwar einzellige Algen, können sich aber in Gruppen und Ketten zusammenschließen. B) Dinoflagellaten, je nach Art betreiben sie Photosynthese oder leben räuberisch. C) Kragengeißeltierchen fressen Bakterien, die sie sich mit ihrer Geißel quasi in den Mund strudeln. D) Cyanobakterien sind auch als Blaualgen bekannt, weil sie wie Algen Photosynthese betreiben. E) Radiolaria, auch Strahlentierchen genannt, besitzen ein Exoskelett mit strahlenförmigen Nadeln aus Siliciumdioxid. Sie ernähren sich von organischen Partikeln, die im Wasser schweben.

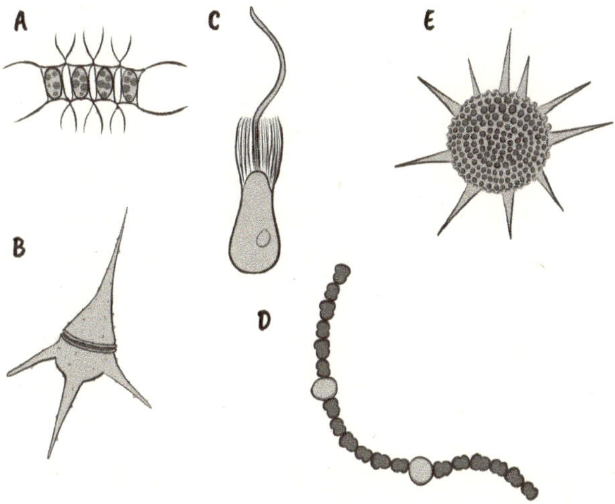

VirologInnen teilen sich da in verschiedene Lager. Hier kommt natürlich zuerst die Frage ins Spiel, wie »Leben« denn eigentlich definiert ist. Denn obwohl sich darüber schon die alten Griechen den Kopf zerbrachen, gibt es bis heute keine allgemeingültige Definition, was Leben genau bedeutet. Wenn man bei einer klassischen Schuldefinition bleibt, nach der die Fähigkeiten zur Bewegung, Atmung, Reaktion auf Reize, Wachstum, Vermehrung, Nahrungsaufnahme und Ausscheidung zum Leben gehören, schneiden Viren ziemlich schlecht ab. Viren sind grob gesagt nämlich nichts anderes als Proteinsäcke mit etwas DNS drin. Sie sind mit Größen zwischen 25 bis 300 Nanometern so winzig klein, dass man sie nur mithilfe eines Elektronenmikroskops sichtbar machen kann. Auch ihre Erbinformationsmenge ist mit 4000 bis 630 000 Basenpaaren – der Mensch hat drei Milliarden Basenpaare – winzig. Sie bewegen sich weder aktiv, noch reagieren sie auf Reize. Sie wachsen und atmen nicht. Auch Nahrung brauchen sie nicht und scheiden daher auch nichts aus. Nur eine Sache tun sie, und das ist mehr oder weniger ihr einziger Lebensinhalt: Sie vermehren sich. Das kann der Virus aber nicht selbstständig, sondern er braucht dafür eine Wirtszelle, die diesen Job für ihn übernimmt, unfreiwillig wohlgemerkt. Da die Viren als Parasiten vollkommen von ihren Wirten abhängig sind und eigentlich selbst nichts wirklich »Lebendes« an sich haben, wird ihnen der Status als Lebewesen gerne abgesprochen. Manche WissenschaftlerInnen sehen sie aber auch als eine Art Grenzgänger zwischen organischem Leben und chemischem Stoff oder gar als eine Art Vorstufe des Lebens. Aber als was auch immer wir sie definieren,

Viren sind unglaublich weit verbreitet auf unserem Planeten, und sie sind nicht nur genetisch divers, sondern es gibt sie in den verschiedensten Formen und Ausführungen: Doppelsträngige DNS-Viren, einzelsträngige DNS-Viren, doppelsträngige RNS-Viren, einzelsträngige RNS-Viren, behüllte Viren, unbehüllte Viren, Riesenviren, Viren, die Eukaryoten befallen, Viren, die Archaeen befallen, Viren die Bakterien befallen, und ja, es gibt tatsächlich auch Viren, die Viren befallen.

Da die Mikrobenwelt der Meere zum größten Teil aus Bakterien besteht, sind Viren, die Bakterien befallen, besonders wichtig. Diese Viren werden Bakteriophagen oder kurz Phagen genannt. Der Standard-Phage hat eine recht simpel aufgebaute Proteinhülle und trägt darin seine DNS. Wenn ihn nun der Zufall zu einer für ihn passenden Bakterienzelle trägt – er selbst kann sich nämlich nicht aktiv

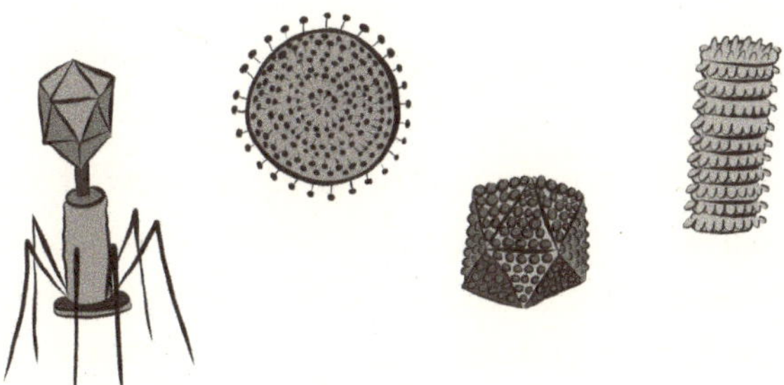

Viren sind auch optisch sehr vielfältig.

bewegen –, injiziert er wie eine Spritze seine DNS in das Bakterium. Nun gibt es zwei Möglichkeiten, wie die Infektion weitergehen kann.

Eine dieser Möglichkeiten ist der sogenannte lytische Zyklus. Dabei kapert der Virus sozusagen eine Zelle und zwingt sie dazu, viele neue Babyviren zu bauen. Dann platzt die Zelle auf, und die neuen Viren verteilen sich in der Umgebung, wo sie hoffen, auf die nächste Wirtszelle zu treffen, bevor sie aufgefressen oder vom Sonnenlicht zerstört werden.

Die zweite Strategie ist der lysogene Zyklus. Die Viren schmuggeln einfach ihre DNS in die der Wirtszelle. Die verharrt dort unbemerkt und ist erst mal inaktiv. Diese in eine Wirtszellen-DNS integrierte Viren-DNS nennt man Prophage oder Provirus. So wird der Virus jedes Mal mitkopiert, wenn die Zelle sich teilt, und vermehrt sich so gleich mit. Durch äußere Faktoren wie UV-Licht kann der Virus aus seinem Ruhezustand geweckt werden, und er fängt an, sich wie bei der lytischen Infektion aktiv zu vermehren.

Aber egal, welcher Zyklus eingeschlagen wird: letztendlich enden doch beide mit dem Tod, also dem Zerplatzen der Zelle. Für die betroffene Zelle ist das natürlich erst mal blöd. Wenn man aber das große Ganze betrachtet, sind Viren unendlich wichtig für das Ökosystem Meer, denn durch ihr Verhal-

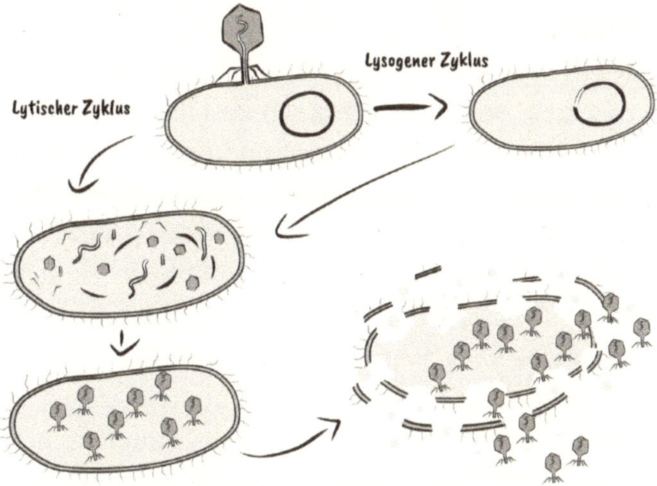

Schematische Darstellung des lytischen und lysogenen Zyklus bei der Viren-Reproduktion.

ten beeinflussen sie die biogeochemischen Kreisläufe, die sich im Ozean abspielen.

Als biogeochemische Kreisläufe bezeichnen wir die Vorgänge, in denen chemische Stoffe wie Kohlenstoff biologisch, also von Lebewesen, umgewandelt und verwertet werden. Relevante chemische Elemente im Meer sind dabei zum Beispiel Kohlenstoff, Stickstoff, Phosphat oder Schwefel. Gerade der marine Kohlenstoffkreislauf spielt heutzutage zu Zeiten des Klimawandels eine große Rolle für unseren Planeten. Kohlenstoff wird in Form von CO_2 von photosynthetischen Mikroorganismen, also Bakterien und Algen, aufgenommen und in Zucker umgewandelt. Sie werden dann wiederum von anderen Lebewesen gefressen, und so findet das CO_2 seinen Weg in die Nahrungskette. Oder aber die Mikroorganismen sinken zum Meeresgrund und lagern sich dort als Sediment ab. So wird das CO_2, das noch in den toten Zellen verbaut ist, dort unten gebunden und tritt nicht wieder in die Atmosphäre ein. Bei diesem Kreislauf spielt auch der sogenannte *Viral Shunt* eine Rolle: Wenn Viren sich an diesen Mikroorgansimen zu schaffen machen und deren Zellen aufplatzen, verteilen sich die Zellbestandteile im Wasser. Damit sind sie nicht mehr als Nahrung für größere Organismen wie beispielsweise Krill zu gebrauchen und sinken auch nicht ins Tiefenwasser ab. Zellbestandteile sind aber hervorragende Nahrung für sogenannte heterotrophe Bakterien, die von organischer Energie abhängig sind. Das ist wie beim Kekseessen: Die Brösel auf dem Teller sind für uns uninteressant, aber für eine Ameise ein Schlaraffenland. So führt die Anwesenheit von Viren dazu, dass das Wachstum von heterotrophen Bakterien gefördert wird. Um die Dimensionen des Vireneinflusses deutlicher zu machen: Geschätzt sind Viren alleine in tropischen und subtropischen Ozeanen für eine Freisetzung von 145 000 Tonnen Kohlenstoff im Jahr verantwortlich.

Nach der *Kill-the-Winner*-Hypothese, also »Töte den Gewinner«, tragen Infektionen auch dazu bei,

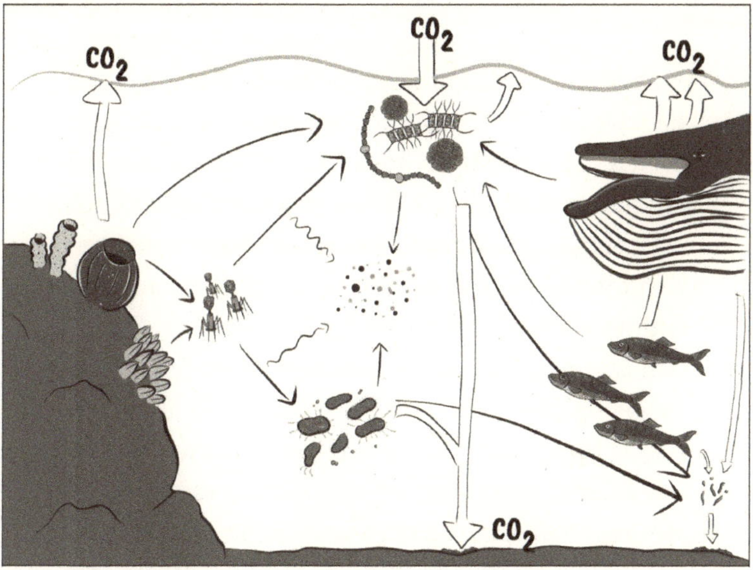

Ausschnitt des Kohlenstoffkreislaufs (weiße Pfeile) und dem Nahrungsnetz (schwarze Pfeile) im Meer. Viren sind Bestandteil der marinen Kohlenstoffpumpe. Sie zerstören Mikroorganismen und entziehen sie so der Nahrungskette. Sie selbst sind allerdings auch Teil des Nahrungsnetzes, da sie zum einem mit dem Zerplatzen von Zellen Nahrung für Bakterien bereitstellen, zum anderen, weil sie selbst als Nahrung für Filtrierer wie Muscheln oder Schwämme dienen.

die mikrobielle Gemeinschaft gemischt zu halten. Sobald die Bedingungen für eine Mikrobenart besonders gut sind, wird diese Art die Gemeinschaft dominieren und verdrängt so andere Arten. Aber mit ihrem Siegeszug und dem Anwachsen ihrer Population haben auch die Viren, die auf diese Art spezialisiert sind, leichtes Spiel und können ein solches

Aufblühen wieder in Schach halten. Das mag sich fürs Erste nicht besonders wichtig anhören, aber Blüten von einzelligen Algen beispielsweise können enorme Probleme für Meeresbewohner, Aquakultur und Menschen haben. Wenn es durch erhöhten Nährstoffeintrag zu extremen Algenblüten kommt, können diese mehrere Quadratkilometer groß werden und das Wasser verfärben. Manche dieser einzelligen Algen und Cyanobakterien geben Giftstoffe ab. Sie tragen so zu Massensterben von Meereslebewesen oder sogar zum Tod von Menschen bei, wenn wir etwa kontaminierten Fisch essen. Am bekanntesten ist die giftige *Red Tide*, bei der sich das Wasser durch die schiere Anzahl der Dinoflagellaten *Karenia brevis* in ein tiefes Rot verfärbt. Das dramatische Massensterben von Meerestieren nahe der russischen Halbinsel Kamtschatka im Jahr 2020 wurde ebenfalls auf eine massive Algenblüte zurückgeführt. Auch der unappetitliche Schaum, der oft an der Nord- und Ostseeküste zu finden ist, ist das Resultat von solchen Algenblüten. Daher braucht es Viren, um solche Massenvorkommen wieder unter Kontrolle zu bekommen.

Viren spielen auch eine wichtige Rolle in der Evolution vieler Meereslebewesen. Das Genom, also das gesamte Erbgut eines Lebewesens, wird für gewöhnlich an seine Nachkommen weitervererbt, das nennt sich »vertikaler Gentransfer«. Horizontaler Gentransfer bezeichnet den Austausch von Genen zwischen zwei Individuen ohne sexuelle Handlung. Das bedeutet, dass nicht erst die Nachkommen neue genetische Eigenschaften besitzen, sondern die Individuen direkt via horizontalen Gentransfer genetisch verändert werden. In Bakterien ist diese Funktion schon länger bekannt und wird Konjugation genannt, dabei schieben sich die Zellen ringförmige DNS-Stücke, sogenannte Plasmide, zu. Sie können aber auch direkt frei herumschwimmende DNS-Stücke aufnehmen, das nennt man dann Transformation. So kann ein harmloser Bakterienstamm plötzlich zu einem Krankheitserreger oder antibiotikaresistent werden. Eine andere Form des Gentransfers, die Transduktion, die es nicht nur bei Bakterien, sondern auch bei Eukaryoten gibt, ist erst seit Anfang dieses Jahrtausends bekannt, und bei der spielen Viren eine entscheidende Rolle. Wenn Viren sich in das Genom einer Zelle geschlichen haben und dann wieder ausbrechen, um neue Babyviren zu produzieren, kann es passieren, dass angrenzende Stücke der Wirt-DNS an der Viren-DNS hängen bleiben und mitkopiert werden. So tragen die Babyviren die Wirt-Gene zu den nächsten Wirten weiter. Auf diese Weise sind Viren ein wichtiger Treiber in der evolutionären Entwicklung von Mikroorganismen. Ein bekanntes Beispiel für das Auftreten von Transduktion gibt es bei den Cyanobakterien aus der Ordnung *Synechoccus* und *Prochlorococcus*. Cyanobakterien sind auch unter dem irreführenden Namen der Blaualgen bekannt, da manche Arten eine blau-grüne Färbung aufweisen und sie wie Algen Photosynthese betreiben. Sie sind aber keine Algen, sondern Bakterien. Diese beiden Cyanobakteriengattungen zusammen sind für ungefähr 25 Prozent der gesamten Photosynthese der Welt verantwortlich. Das ist ganz schön sportlich, da kann man sich vorstellen, dass es Milliarden von ihnen im Meer geben muss. Als man sich Cyanophagen genauer angesehen hat, also Viren, die auf Cyanobakterien spezialisiert sind, zeigte sich, dass die Phagen Photosynthesegene in sich tragen. Das ist ungewöhnlich. Man würde ja davon ausgehen, dass die Phagen nur die Gene in sich tragen, die sie brauchen, um sich zu reproduzieren. Warum also sollten sie Photosynthesegene besitzen? Aber natürlich hat es auch Vorteile für den Phagen, wenn er gleich noch ein paar Gene mitbringt, die die Energiegewinnung seiner Wirtszelle steigern. Tatsächlich wurden hier Gene entdeckt, die der Wirtszelle ermöglicht, unter verschiedenen Lichtkonditionen zu leben und so ihren Lebensraum auf tiefere Wasserschichten zu erweitern. Wenn es der Wirtszelle gut geht und sie sich oft teilt, vermehrt sich damit auch der eingebaute Virus. Und wenn der Virus dann in den lytischen Zyklus übergeht, wird fast der gesamte Apparat der Bakterienzelle heruntergefahren, um nur noch Viren zu produzieren. Diese Produktion braucht natürlich auch Energie, deshalb muss die Photosynthese am Laufen gehalten werden. Und ist doch toll, wenn man ein paar Gene mitgebracht hat, die die Photosynthese sogar verbessern. Dadurch bringt der Virus aber nicht nur sich selbst einen Vorteil. Man geht davon aus, dass Phagenpopulationen eine Art Genreservoir für ihre Wirte darstellen und so Gene selbst zwischen verschiedene Arten getauscht werden können.

Auch das Bakterium SAR11, ebenfalls bekannt als *Pelagibacter ubique*, welches mit einer geschätzten Population von sage und schreibe $2{,}4 \times 10^{28}$ Zellen das häufigste Lebewesen auf unserem Planeten ist, scheint seinen Erfolg einem Virus zu verdanken. SAR11 ist eigentlich überall im Meer zu finden und kommt mit den unterschiedlichsten Umweltbedingungen klar, obwohl es nur ein sehr kleines Genom besitzt. In diesem Genom befinden sich sehr häufig eingebaute Prophagen. Diese sind aber fast ungefährlich für die Bakterien, da sie nur in ungefähr 30 Prozent aller Fälle in den lytischen Zyklus übergehen und die Bakterienzelle auflösen. Man nimmt an, dass SAR11 und sein Phage ein Art Symbiose eingegangen sind, der Phage tötet nur so viele Bakterien, wie es für das Aufrechterhalten seiner Population notwendig ist. Im Gegenzug hilft er den Bakterien durch den horizontalen Gentransfer, der dabei stattfindet, ihre genetische Vielfalt zu erhöhen, und vergrößert so ihren Lebensraum. Also eher *Piggyback-the-Winner* - Reite auf dem Rücken des Gewinners - als eine *Kill-the-Winner*-Situation.

Spannenderweise geschieht horizontaler Gentransfer nicht nur zwischen verschiedenen Arten oder Gattungen, sondern ein solcher Genaustausch scheint auch zwischen den verschiedenen Domänen des Lebens möglich zu sein. Also zwischen Bakterien, Archaeen und Eukaryoten. Dieser Genaustausch eröffnet den Lebewesen neue Möglichkeiten in Sachen Schutz, Erweiterung des Nahrungsspektrums, Besetzung von neuen Lebensräumen und Anpassung an extreme Umweltbedingungen. Seescheiden haben die im Tierreich einzigartige Fähigkeit, wie Pflanzen Cellulose herzustellen und sie als schützendes Exoskelett zu nutzen. Manche Kieselalgen haben bakterielle Gene, um effektiver Eisen, eins der limitierenden Nährstoffe in der marinen Welt, aus ihrer Umwelt binden zu können. Die einzellige Alge *Phaeocystis antarctica* kann die eisige Kälte der Antarktis mithilfe bakterieller Gene, die eine Art Frostschutzmittel produzieren, überstehen. Die Rotalge *Galdieria sulphuraria* kann dank horizontalem Gentransfer extrem heiße und saure Umgebungen ertragen. Bei all diesen Beispielen geht man davon aus, dass diese Fähigkeiten durch horizontalen Gentransfer zwischen den Domänen erlangt wurde. Ob dieser Gentransfer nun Viren zuzuschreiben ist oder auf anderen Möglichkeiten des Gentransfers beruht, ist bisher unklar. Neuere Erkenntnisse wie die Entdeckung eines Riesenvirus im Jahre 2019, der mit seinen mitgebrachten Genen Kragengeißeltierchen (das sind räuberisch lebende eukaryotische Einzeller) zu Photosynthese befähigt, bestärken diese Theorie.

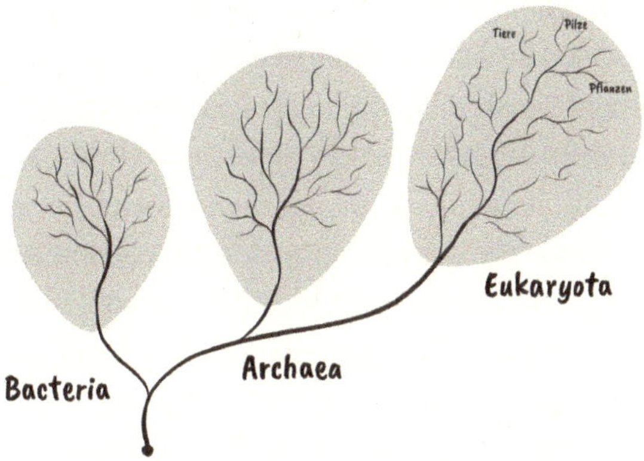

Der Stammbaum des Lebens besteht aus drei Domänen: Bakterien, Archaeen und Eukaryoten. Typische Unterschiede zwischen den Domänen sind beispielsweise, dass Eukaryoten Zellorganelle und einen Zellkern besitzen. Bakterien und Archaeen unterscheiden sich durch ihre Zellmembran und in ihrem Stoffwechsel voneinander. Die Verwandtschaftsgrade im Stammbaum basieren auf der Ähnlichkeit der ribosomalen RNS (Ribonukleinsäure), die in allen drei Domänen zu finden ist. Ursprünglich ging man davon aus, dass kein Genaustausch zwischen den Domänen möglich ist.

Aber nicht nur bei Mikroorganismen, sondern auch bei komplexeren Tieren spielen Viren nicht nur als Krankheitserreger eine Rolle. Ein spannendes Beispiel hierfür ist die solarbetriebene Meeresschnecke *Elysia chlorotica*. Die kleine Schnecke wird an die drei Zentimeter lang, und ihr Rücken ist zu einer Art Umhang verbreitert, der an ein Lindenblatt erinnert. Er erstrahlt in Smaragdgrün und besitzt eine samtige Anmut. Den Zusatz »solarbetrieben« verdankt die Schnecke ihrer Fähigkeit, sich wie Algen oder Pflanzen von Sonnenlicht zu ernähren. Das ist abgefahren, da Tiere normalerweise nicht dazu fähig sind, Sonnenlicht als Nahrung zu nutzen. Und auch die Schnecke kann es nicht allein. Sie klaut sich stattdessen die Chloroplasten aus den Algen, die sie frisst, um selbst Photosynthese zu betreiben. Chloroplasten sind die Zellorganellen in Pflanzen- und Algenzellen, in denen die Photosynthese stattfindet und die wie alle selbstvermehrenden Zellorganellen ein eignes kleines Genom besitzen. Die Schnecke frisst nur Algen einer ganz bestimmten Art, *Vaucheria litorea*. Die Chloroplasten anderer Algenarten scheint sie nicht verwenden zu können. Die Algenzellen werden im Magen der Schnecke verdaut, die Chloroplasten jedoch werden in die Schneckenzellen hinein absorbiert. Sie lagern in den Zellen des über den blattförmigen Rücken verteilten Verdauungstraktes. Wie ein Sonnensegel aufgespannt bietet er den Chloroplasten perfekte Arbeitsbedingungen. Wie die Schnecke es schafft, die Alge zu verdauen, die Chloroplasten jedoch unbeschadet aufzunehmen, ist ein völliges Rätsel. Auch unklar ist, wie die Schnecke es schafft, die Photosynthese über Monate bis hin zu einem Jahr so aufrechtzuerhalten, dass sie tatsächlich nicht fressen muss, denn man braucht dafür schon noch etwas mehr als nur Chloroplasten. Auch wenn diese ihre eigenen Gene mitbringen, braucht es zusätzlich noch Gene, die in der Algen-DNS sitzen, um eine funktionierende Photosynthese zu betreiben. Wenn man die Schnecke untersucht, kann man feststellen, dass sie in ihrem Erbgut genau diese Pflanzengene besitzt. Aber wo hat sie die bloß herbekommen?

Hier kommt wieder der horizontale Gentransfer zum Tragen. Man geht davon aus, dass Viren dabei geholfen haben, die Gene der Algen in das Erbgut der Schnecke einzupflanzen. Und auch der Lebenszyklus der Schnecke scheint von Viren bestimmt zu werden. Die Schnecke stirbt nach der Eiablage einen plötzlichen Tod. Da sich kurz davor selbst unter isolierten Laborbedingungen vermehrt virusähnliche Partikel in der Schnecke finden, geht man davon aus, dass diese sich im Genom befinden und von dort den Tod der Schnecke einleiten. So haben Viren der Schnecke nicht nur zu einer fantastischen neuen

Eigenschaft verholfen, sondern bestimmen auch ihre Lebensdauer mit.

Diese Hypothese ist allerdings umstritten, da sich in den letzten Jahren Beweise sowohl dafür als auch dagegen gefunden haben. Deshalb gibt es die weitere Überlegung, dass die Schnecke die benötigten Photosyntheseproteine nicht selbst herstellt, sondern aus den verdauten Algenzellen aufnimmt. Mittels spezieller Schutzproteine könnte sie ihre Funktion über mehrere Monate gewährleisten. Seit 2019 sind Meereschnecken übrigens nicht mehr die einzigen Tiere, die Chloroplasten klauen. Man hat zwei Arten von marinen Plattwürmern gefunden (*Baicalellia solaris* und *Pogaina paranygulgus*), die Photosynthese mit Chloroplasten von Diatomeen betreiben. Vielleicht können wir durch sie mehr Einblick bekommen, wie genau die Photosynthese am Laufen gehalten wird und ob Viren hier eine tragende Rolle spielen.

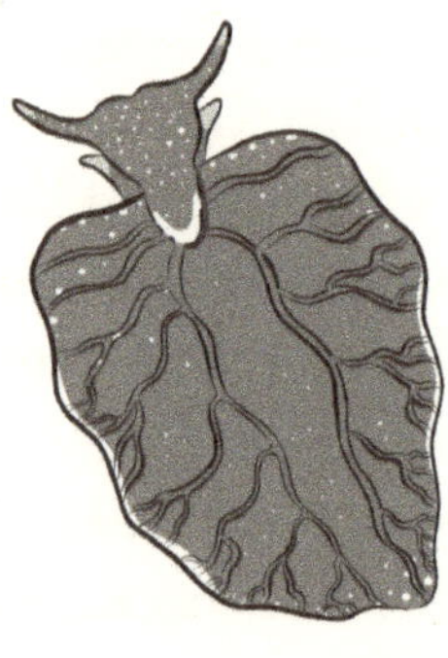

Die solarbetriebene Meeresschnecke Elysia chlorotica *ist in Salzsümpfen an der Ostküste der USA und Kanada zu finden. Zumindest, wenn man Glück und ein geübtes Auge hat, denn sie ist sehr selten, klein und gut getarnt, was die Forschung an ihr nicht ganz einfach macht.*

Auch wenn jede Sekunde 10^{23} Phytoplankton- und Bakterienzellen von Viren infiziert werden – das ist eine Zahl mit 23 Nullen –, und es so wirkt, als ob die Viren im Meer ganz schön umherwüten, sind die Bakterien dem Tun und Treiben der Viren, sei es nun positiv oder negativ, nicht schutzlos ausgeliefert. Es gibt auch Möglichkeiten, sich zur Wehr zu setzen. Dafür entwickeln die Wirte bestimmte Mechanismen, um sich vor Eindringlingen zu schützen. Der Virus hingegen entwickelt wiederum Wege, diesen Mechanismen aus dem Weg zu gehen. Dieses Hin und Her ist auch als *Red-Queen*-Hypothese bekannt. Basierend auf der Geschichte von Alice im Wunderland, in der die Rote Königin Alice erklärt: »Hierzulande musst du so schnell rennen, wie du kannst, wenn du am gleichen Fleck bleiben willst.« Die Kalkalge *Emiliania huxleyi* ist ein schönes Beispiel für das Wettrennen von Wirt und Virus. Die einzellige Alge lebt als Teil des Planktons in den oberen Wasserschichten und ist in fast allen Meeresregionen anzutreffen. Genau wie die Blaualge ist auch sie ein wichtiges Zahnrad im System der marinen Kohlenstoffpumpe. Charakteristisch sind ihre Calcit-Platten, durch die ihre Gestalt an ein Grüppchen Römer erinnert, die sich mit ihren Schilden zitternd gegen Asterix und Obelix verteidigen. Manchmal erblühen diese Algen in solchen Massen, dass sie das Wasser mit ihrer weißen Rüstung in milchiges Blau verwandeln, das selbst auf Satellitenbildern leicht zu erkennen ist. Diese Blüten sind nur von kurzer Dauer und lösen sich dann wieder auf, vermutlich aufgrund von hoher Virusaktivität. Denn ihre Rüstung schützt die Alge nicht, und obwohl sie zusätzlich einen genetischen Selbstzerstörungsmechanismus eingebaut hat, um die Verbreitung von Viren zu verhindern, haben die längst einen Weg gefunden, den zu umgehen. Aber *Emiliania huxleyi* hat noch ein anderes Ass im Ärmel. Sie hat zwei Lebensstadien, eins, in dem sie mit den Calcit-Platten ausgestattet ist, und ein sexuelles Lebensstadium, in dem sie ihre Rüstung ablegt und mobil unterwegs ist. Im nackigen Lebensstadium kann der Virus ihr nichts anhaben, und so kann sie ihre Fortpflanzung sichern.

Auch Bakterien und Archaeen haben einen Virenabwehrmechanismus: das CRISPR/Cas-System, das in den letzten Jahren recht bekannt wurde. Das System erkennt fremde DNS, die in die Zelle einge-

Die zwei Lebensstadien der Kalkalge Emiliania huxleyi.

drungen ist, und zerschneidet sie mit einem Enzym. Um schneller auf eine erneute Infektion reagieren zu können, wird zur Wiedererkennung ein kleiner Abschnitt der Viren-DNS in das Bakteriengenom eingebaut. Dieses »genetische Fahndungsfoto« hat den Vorteil, dass es an die eigenen Nachkommen weitervererbt werden kann. Das CRISPR/Cas-System erlangte große Aufmerksamkeit, als WissenschaftlerInnen damit eine neue Technik für Genmanipulation entwickelten. Diese Genschere, wie sie oft genannt wird, macht es viel leichter und schneller, gezielt Gene in Lebewesen auszuschalten, einzupflanzen oder herauszuschneiden. Was sich vielleicht einfach anhört, war eine weltbewegende Entdeckung für die Biotechnologie. Die Zeitschrift *Science* ernannte die Methode 2015 zum Durchbruch des Jahres, und 2020 gab es dafür den Chemie-Nobelpreis für Emmanuelle Charpentier und Jennifer Doudna.

Aber auch Viren haben Feinde und das nicht zu knapp. Sie können sich sogar selbst zum Verhängnis werden. Denn es gibt auch Viren, die Viren infizieren. Von der Existenz von sogenannten Riesenviren wissen wir erst seit 2003, als man feststellte, dass das Bakterium *Bradfordcoccus*, welches Amöben infiziert, gar kein Bakterium ist, sondern ein riesengroßer Virus. Seitdem hat man viele dieser gigantischen Parasiten, die sogar unter dem Lichtmikroskop sichtbar sind, gefunden. Sie sind also keine bizarre Seltenheit der Viruswelt. Riesenviren sind nicht nur in Bezug auf ihre Hülle gigantisch groß, sie haben auch eine Menge DNS im Gepäck. Während Standardviren sich im Schnitt mit etwa zehn Genen zufriedengeben, tragen Riesenviren Hunderte Gene mit sich herum. Mit der Größe kommt vielleicht auch Verwundbarkeit, denn es gibt winzige Viren, die Viriophagen, die sich darauf spezialisiert haben, ihre großen Geschwister auszutricksen. Sie setzen sich auf die Hülle des Riesenvirus und schleichen sich dann mit ihm zusammen in die Wirtszelle. Wenn der Riesenvirus die Wirtszelle kapert und sie zwingt, Virusfabriken zu bauen, um neue Riesenviren herzustellen, übernimmt der Viriophage genau diese Virusfabriken, um sich damit selbst zu reproduzieren. Das Resultat: Viele winzige Babyviriophagen und kaum Babyriesenviren.

Aber auch große Tiere können zum Verhängnis für Viren werden. Sie dienen nämlich auch als Futter für viele Filtrierer, also Tiere, die das Wasser durchfiltern und die aufgefangenen Partikel, die aus Bakterien, Einzellern und eben auch Viren bestehen, verdauen. Das sind beispielsweise Anemonen, Krebse, Seescheiden, Seepocken, Ruderfußkrebse, Muscheln oder Schwämme. Gerade Schwämme sind regelrechte Virusfeinschmecker und extrem effektiv dabei, Viren aus dem Wasser zu filtern. In Gebieten mit hohen Schwammdichten wie in Korallenriffen sowie in kalten Gewässern mit steinigem Untergrund können schon mal 1400 Schwämme auf den Quadratmeter kommen. Dort haben Schwämme wahrscheinlich starken Einfluss auf den Virusgehalt des Wassers. Schwämme fressen Viren nicht nur, sie können sie auch mit einer Reihe antiviraler Moleküle bekämpfen. Das Molekül Ara-A haben sich WissenschaftlerInnen zum Vorbild genommen und damit Medikamente gegen Viruserkrankungen entwickelt. Auch *Remdesivir,* das eigentlich als Mittel gegen Ebola entwickelt wurde und als Hoffnungsträger für die Behandlung von COVID-19 galt, basiert auf antiviralen Schwammmolekülen. SpongeBob als Geheimwaffe gegen Viren, wer hätte das gedacht? Die Relevanz von Filtrierern für die Viruskonzentration im Meer ist noch nicht lange bekannt. Wie sehr sie damit indirekt Einfluss auf den Stoffkreislauf des Meeres haben, ist daher noch ungewiss. Sicher ist jedoch, dass Viren sich in Filtrierern ansammeln, bevor sie ganz verdaut sind. Das ist leider ein Problem für uns Menschen, da sich so auch auf den Menschen spezialisierte Viren, die durch Abwasser ins Meer gelangen, in den Tieren konzentrieren. Schwämme essen wir zwar eher selten, aber Meeresfrüchte wie Miesmuscheln und Austern stehen sehr wohl auf unserer Speisekarte. Gerade der Hepatitis-A-Virus wird häufig in Meeresfrüchten aus dem Mittelmeer gefunden, und nur langes Erhitzen auf über 100 °C oder eine Hepatitis-A-Impfung kann vor einer Infektion schützen.

Durch die stetige Weiterentwicklung von Sequenziertechniken, um DNS auszulesen, ist die Welt der Viren seit diesem Jahrtausend für uns nahbarer geworden. Trotzdem werden wir immer noch von ihrer Vielfältigkeit überrascht. So stellte sich heraus, dass die öden Eiswüsten der Arktis und Antarktis ein Paradies für Viren sind. Kein anderer Ort der Erde zeigte bisher eine solche virale Vielfalt wie die beiden Polregionen. Das ist extrem ungewöhnlich, denn eigentlich nimmt die Artenvielfalt mit Entfernung zum Äquator ab. Daher sind die Arktis und Antarktis mit ihren harschen Umweltbedingungen sehr artenarme Gegenden. Da die dortigen Seen und das Seeeis hauptsächlich von Mikroorganismen belebt werden und größere Räuber fehlen, spielen Viren dort wahrscheinlich sogar noch eine wichtigere Rolle im Nahrungsnetz als im Meerwasser. Neue Erkenntnisse zeigen: Ähnlich wie in den Eiswüsten wird wohl auch die mikrobielle Gemeinschaft der Tiefsee, in der größere Räuber fehlen, maßgeblich von Viren beeinflusst. Auch wenn wir immer mehr neue Viren entdecken, die schwierigste Frage »Wer ist der Wirt?« bleibt meist bestehen, und ohne Antworten darauf können wir die Rolle des entsprechenden Virus in seinem Ökosystem nicht nachvollziehen. Leider ist es auch heute noch so, dass die wenigsten marinen Bakterien, ungefähr nur ein Prozent, im Labor gezüchtet werden können. Das trifft dann natürlich auch auf ihre Viren zu. Daher ist die Forschung an marinen Viren sehr schwierig. Aber die Fortschritte von neuen Methoden und die Kombinationen daraus wie die Metagenomic, das Sequenzieren aller DNS aus einer Wasserprobe, mit der Metatranskriptomic, dem Sequenzieren der angeschalteten Gene in der Probe, wird uns in den nächsten Jahren dabei helfen, mehr über den Einfluss der Viren in den globalen Stoffkreisläufen und in der evolutionären Geschichte unseres Planeten zu erfahren.

Nachwort: Was da draußen noch so schlummert

Nun sind wir zumindest in diesem Buch am Ende unserer gemeinsamen Entdeckungsreise angelangt. Die Meereswissenschaften sind das aber noch lange nicht. Zum Glück! So können wir uns auch in den nächsten Jahren und Jahrzehnten noch auf weitere atemberaubende Entdeckungen, neue Theorien und wunderliche Lebewesen freuen. Allein im Jahr 2020 wurden viele erstaunliche neue Entdeckungen gemacht. Ein riesiges freistehendes Stück Korallenriff am nördlichen Zipfel des Great Barrier Riffs überraschte australische WissenschaftlerInnen. Ganze 500 Meter hoch ist der freistehende Korallenberg, der an seiner Basis 1,5 Kilometer misst. 500 Meter, das ist so hoch wie das Shanghai World Financial Center, das aufgrund seiner auffälligen Architektur auch der Flaschenöffner genannt wird. Wer den Flaschenöffner nicht kennt, kann sich auch einfach den Berliner Fernsehturm vorstellen, aber eineinhalbmal so hoch. Das ist schon beindruckend. Auch mit dem Wissen, dass wir den Meeresgrund kaum erforscht haben, ist es immer wieder erstaunlich, dass uns solche riesigen Gebilde noch nicht aufgefallen sind. Selbst in so vertrauten Gewässern wie der

Adria wurde ein bisher unbekanntes Korallenriff entdeckt. Vor der Stadt Monopoli, die in Apulien am Anfang des italienischen Stiefelabsatzes liegt, fanden WissenschaftlerInnen in 30 bis 50 Meter Tiefe ein 2,5 Kilometer langes Riff. Dass es Korallen im Mittelmeer gibt, ist nicht neu, aber nur wenige der dort beheimateten Arten besitzen die Fähigkeit, Riffe zu bilden. Deshalb existieren extrem wenige riffartige Strukturen im Mittelmeer, und das macht das neue Riff damit sehr besonders.

Gerade erst wurde im Meer das erste Tier entdeckt, das keinen Sauerstoff zum Leben benötigt. Das parasitisch lebende Nesseltier *Henneguya salminicola* besitzt weder ein richtiges Mitochondrium noch ein Mitochondrium-Genom und damit keine Gene, die für die Zellatmung wichtig sind. Wie viele Parasiten hat auch *H. salminicola* zwei Lebensstadien, für die es zwei verschiedene Wirte braucht. Einer dieser Wirte ist der Lachs, in dessen Muskeln sich die Nesseltiere als weiße Zysten einnisten. Der andere Wirt sind Würmer. Einen Mitbewohner in den Muskeln sitzen zu haben, hört sich fraglos ekelig an, aber es scheint die Lachse nicht zu beeinflussen und ist nicht schädlich für sie. Da das Muskelgewebe ein anaerober, also sauerstoffarmer Ort ist und auch der Wurm, der als späterer Wirt herhalten muss, in anaerobem Klima lebt, macht es durchaus Sinn, dass sich der Parasit an Sauerstoffmangel an-

Der Parasit Henneguya salminicola *hat optisch Ähnlichkeit mit einem Alienkopf. Die vermeintlichen Augen sind allerdings Nesselzellen, die, anders als bei Quallen, nicht zum Beutefang, sondern zum Wirtsfang dienen. Sie können sich mit einem peitschenartig herausschleudernden Nesselschlauch an ihrem Wirt festkleben.*

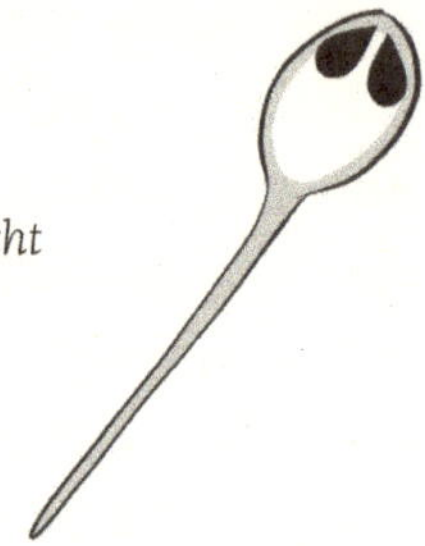

gepasst hat und sich, frei nach dem Motto »Alles raus, was keine Miete zahlt«, seines Mitochondriums entledigt hat. Wie er aber nun genau seinen Energiehaushalt ohne Sauerstoff am Laufen hält, ist noch ungewiss.

Spektakulär war auch die Entdeckung von ultraschwarzen Tiefseefischen. Es wurden 16 Arten von Fischen gefunden, die so schwarz sind, dass man sie kaum fotografieren kann. Auf Fotos erscheinen sie als Silhouette, daher ist es nur mit einem Stroboskopblitzgerät möglich, die Fische fotorealistisch abzulichten. Ihre Haut ist mit so vielen dicht gepackten Pigmenten ausgestattet, dass sie jegliches Licht, das dort unten in der Tiefsee noch ankommt oder mittels Biolumineszenz erzeugt wird, schluckt und weniger als 0,5 Prozent des einfallenden Lichtes reflektiert. So besitzen die Fische eine perfekte Camouflage für die Finsternis. Damit gehören sie zu den schwärzesten Tieren der Welt und kommen nahe ran an das schwärzeste Schwarz, das bis dato entwickelt wurde. Rein per Zufall wurde die Farbe 2019 von WissenschaftlerInnen des Massachusetts Institute of Technology (MIT) erzeugt. Das Schwarz ist zu 99,995 Prozent lichtabsorbierend und lässt so jegliche sichtbaren Konturen verschwinden. Der Effekt ist so groß, dass Objekte, die damit eingefärbt werden, ihre Räumlichkeit verlieren und nur noch platt und zweidimensional erscheinen.

Der schwarze Drachenfisch Idiacanthus antrostomus *war der zweitschwärzeste Fisch der Studie. Die Weibchen leben in bis zu 2000 Meter Tiefe und werden um die 60 Zentimeter lang. Am Bauch und Rücken tragen sie Leuchtorgane, mit denen sie Licht produzieren, um mit ihren Artgenossen zu kommunizieren. Das Leuchtorgan, das an der Kinnbartel hängt, dient als Köder zum Beutefang. Die Männchen sind deutlich kleiner, haben keine Zähne und sind genau genommen eigentlich nur ein schwimmender Hodensack. Sie haben nur eine kurze, aber wichtige Aufgabe im Leben: Fortpflanzung.*

Damit wir weiter die faszinierenden Geheimnisse, die in den Ozeanen schlummern, entdecken können, müssen sie und ihre BewohnerInnen uns erhalten bleiben. Ich habe in diesem Buch einige der Gefahren, die das Meer und seine Flora und Fauna bedrohen, angesprochen, wie Verschmutzung, Überfischung, Lärmverschmutzung oder Tiefseebergbau. Es gibt aber noch unzählige mehr. Gerade die Erwärmung des Planeten und damit des Ozeans und besonders die Versauerung des Meerwassers durch den steigenden Kohlenstoffdioxidgehalt in der Atmosphäre sind ernsthafte Bedrohungen. Da diese Gefahren durchweg auf uns Menschen zurückzuführen sind, liegt es auch in unserer Verantwortung, etwas dagegen zu tun und das marine Ökosystem besser zu schützen. Das muss natürlich im Großen auf politischer Ebene passieren, und die Zukunft der Meere findet dort langsam mehr Gehör. Die UN legt ein besonderes Augenmerk auf die Meeresforschung und hat ihr gar eine ganze Dekade der Ozeanforschung für nachhaltige Entwicklung (2021–2030) gewidmet. Staatsoberhäupter von 14 Ländern, unter anderem Kanada, Australien, Mexiko, Namibia, Palau und Norwegen, haben das *Ocean Panel* gegründet. In ihrer *Ocean Action Agenda* versprechen sie, bis 2025 eine 100 Prozent nachhaltige Nutzung ihrer nationalen Meeresresourcen. Sie möchten mit gutem Beispiel vorangehen und andere Länder motivieren sich anzuschließen. Die EU hat sich mit ihrer *Mission Starfish 2030* ebenfalls ambitionierte Ziele gesetzt, um unseren Ozean oder zumindest die europäischen Gewässer zu schützen. Unter den 17 definierten Zielen sind unter anderem das Beenden von Überfischung, Null-Prozent-Plastikmüllproduktion, 30 Prozent der europäischen Gewässer teilweise oder komplett unter Schutz zu stellen und Unterwasserlärm drastisch zu reduzieren. Ob das in nur zehn Jahren zu schaffen ist? Wir werden sehen. Es ist definitiv ein großer Schritt in die richtige Richtung. Dennoch brauchen wir Abkommen und ein Schutzprogramm auf globaler Ebene, denn der größte Teil des Meeres gehört keinen einzelnen Staaten, sondern der Weltgemeinschaft. Die IUCN (International Union for Conservation of Nature) hat 2016 ausgerufen, dass 30 Prozent des Weltmeeres bis 2030 geschützt werden müssen, um seine Biodiversität und vielseitigen Lebensräume zu erhalten. Momentan gelten nur etwa zwei Prozent der gesamten Meeresfläche als komplett geschützt. Da liegt also noch eine gutes Stück Arbeit vor uns. Dass es überhaupt so weit gekommen ist und über solche Themen diskutiert wird, ist einer Unmenge an engagierten WissenschaftlerInnen, AktivistInnen und MeeresliebhaberInnen zu verdanken, die seit Jahrzehnten ihr Herzblut, Zeit und Geld in den Schutz des Ozeans stecken. So viele, dass ich ein komplettes Buch über diese tollen Personen und ihre Arbeit schreiben könnte. Diese fantastischen Menschen wählen dabei die verschiedensten Ansätze und werden zuweil richtig kreativ und innovativ.

Ein gutes Beispiel dafür ist eine Gruppe von WissenschaftlerInnen, die sich der Aufklärung von illegaler Fischerei gewidmet haben. Das Problem mit der Fischerei ist nämlich, dass es recht aufwendig und teuer ist, Schiffe zu überwachen, vor allem, wenn sich das Ganze weit draußen auf dem Meer abspielt. Schiffe verfügen zwar über ein sogenanntes *Automatic Identification System*, kurz AIS. Das sind Ortungsgeräte, die permanent die Identität des Schiffes, seine Geschwindigkeit, Standort und Fahrtrichtung an einen Satelliten senden, um Kollisionen zu vermeiden. Damit kann aber auch überwacht werden, ob sie sich beispielsweise in Meeresschutzgebieten aufhalten. Wenn man das AIS einfach ausschaltet, ist man unsichtbar, und um Schiffe zu finden, die das AIS ausgeschaltet haben, muss man auf dem Wasser vor Ort sein. Es sei denn, man benutzt Albatrosse. Albatrosse – diese riesigen Meeresvögel mit Spannweiten an die drei Meter sind spätestens seit Disneys *Bernhard und Bianca* berühmt, ganz besonders für ihre Startschwierigkeiten und Bruchlandungen. Das hat sich Disney übrigens nicht ausgedacht, diese Slapstickeinlagen des Vogels kann man genau so auch in der Natur beobachten, und sie sind großartig. Dafür sind Albatrosse umso eleganter in der Luft, und vor allem besitzen sie eine enorme Ausdauer beim Fliegen. Manche Vögel legen auch mal Hunderte bis Tausende Kilometer bei der Nahrungssuche zurück. Dazu erkennen sie Fischerboote schon aus 30 Kilometern Entfernung und fliegen sie oft gezielt an, in der Hoffnung, auch einen Happen vom Fang abzubekommen. Sie sind also die perfekten Spione, um »unsichtbare« Fischerboote zu entlarven. 2018 begannen WissenschaftlerInnen, 169 Albatrosse mit winzigen Messgeräten auszustatten, die den Radar, den Schiffe zum Navigieren und zur Kollisionsvermeidung benötigen, detektieren konnten und diese Daten via Satelliten fast in Echtzeit zurückschickten. Wurde zu den gesendeten Standortdaten kein Schiff im AIS-System angezeigt, war klar: Das System wurde absichtlich ausgeschaltet. Dank der tierischen Spione fanden sie heraus, dass während des sechsmonatigen Beobachtungszeitraums im Südindischen Ozean über ein Viertel der Schiffe das AIS in nationalen Gewässern ausgeschaltet hatten. In internationalen Gewässern, also weiter draußen auf hoher See, sogar mehr als ein Drittel der Schiffe in der untersuchten Umgebung. Das heißt natürlich nicht zwangsläufig, dass all diese Schiffe illegaler Fischerei nachgingen, möglich ist es aber durchaus. Die Radarortungsgeräte könnte man in Zukunft auch an anderen Tieren wie Schildkröten oder Haien montieren und so eine Art *Fin Patrol* mit schuppigen FreundInnen starten, um der illegalen Fischerei das Handwerk zu legen.

Ortungsgeräte, genauer gesagt GPS-Sender, halfen bereits dabei, Wildererrouten in Costa Rica nachzuvollziehen. Die Eier von Meeresschildkröten gelten in Zentralamerika als Delikatesse und werden trotz Verbot illegal gehandelt. Der Aberglaube, dass ihr Verzehr potenzsteigernd wirkt, befeuert das Ganze noch zusätzlich, wobei ich mich manchmal frage, ob ein weltweites Viagraverteilungsprogramm vielleicht ein effektives Mittel beim Wildtierschutz sein könnte. Um die Handelsketten der Eier nachvollziehen zu können, entwickelten sie den InvestEGGator. WissenschaftlerInnen lieben Wortspiele. So nannten sie das 3D-gedruckte Ei, das optisch und haptisch den echten Eiern zum Verwechseln ähnlich ist und als Spezialfüllung einen GPS-Sender in sich trägt. Versteckt in frisch gelegten Schildkrötennestern nahmen einige der Wilderer die Eier mit, und so konnten verschiedene Handelsrouten teilweise bis zu EndverbraucherInnen in Costa Rica nachvollzogen werden. Das Ziel der InvestEGGatormethode ist es nicht, die einzelnen Wilderer zu überführen, sondern ihre Routen und Eiverkauf-Hot-Spots und damit die großen Fische des illegalen Wildhandelgeschäftes zu finden.

Aber auch mit ganz simplen Methoden lässt sich manchmal viel erreichen. 2016 startete ein einzelner Mensch am *Versova Beach* in Mumbai, was später die größte Strandsäuberung der Welt werden sollte. Fast zwei Jahre brauchten er und Hunderte von Freiwilligen, die sich ihm über die Zeit angeschlossen hatten, um den Strand von Tausenden Tonnen Müll zu befreien. Doch der Aufwand hat sich gelohnt, und wie! Sehen konnte man das spätestens, als Meeresschildkröten nach Jahrzehnten wieder dorthin zurückkehrten, um am Strand ihre Eier abzulegen.

Auch ohne wissenschaftlichen Hintergrund, Kreativität oder Geld kann eigentlich jeder Mensch, egal, wo er lebt, einen Teil dazu beitragen, die Meere zu schützen. Es muss ja nicht gleich weltbewegend sein. Allein darauf zu achten, nachhaltigen Fisch zu kaufen, weniger Plastik zu nutzen, öfter mal das Auto stehen zu lassen und auch mal am Strand oder am See den Müll mitzunehmen, den andere hinterlassen haben, sind schon Schritte in die richtige Richtung. Und wer nicht genug bekommen kann von Meeresforschung, dem eröffnen sich heutzutage noch ganz andere Möglichkeiten. Denn mittlerweile können auch Laien hautnah Einblick in Expeditionen bekommen. Dank HD- und 4K-Videoaufnahmen von Tauchrobotern bekommen wir nun nicht nur atemberaubende und gestochen scharfe Bilder aus den Tiefen des Ozeans, das Internet erlaubt es auch, WissenschaftlerInnen live zu begleiten, wenn sie die dunklen Tiefen erforschen. Bei immer mehr Expeditionen geben ForscherInnen einen Einblick in ihre Arbeit, indem sie die Videoaufnahmen der Tauchgänge im Internet streamen und kommentieren. Wem das noch nicht reicht, der kann sich auch im Internet schlau machen über Citizen-Science- oder Bürgerwissenschaftsprojekte, bei denen man die Wissenschaft tatkräftig unterstützen kann. Verschiedenste Projekte geben einem die Möglichkeit, selbst Daten zu erheben oder gar auszuwerten und so Teil einer wissenschaftlichen Studie zu werden. So kann man beispielsweise helfen, Plastikverschmutzung an Stränden zu melden, oder Bestandsaufnahmen von Korallenriffen machen. Und Leute, die es lieber trocken mögen, können sogar gemütlich vom Sofa aus Planktonarten aus Wasserproben aus der ganzen Welt bestimmen. Wer weiß also, was da draußen noch so alles schlummert? Und vielleicht bist du ja live dabei – bei der nächsten großen Entdeckung.

Quellen

Aqua Incognita: Ein Meer voller Rätsel

Seabed 2013: https://seabed2030.gebco.net/

Mayer L., Jakobsson M., Allen G., Dorschel B., Falconer R., Ferrini V., Lamarche G., Snaith H., Weatherall P., The Nippon Foundation—GEBCO Seabed 2030 Project: The Quest to See the World's Oceans Completely Mapped by 2030. Geosciences 2018, 8, 63, https://seabed2030.gebco.net/news/gebco_2020_release.html

Zahng Sarah, The Search for MH370 Revealed Secrets of the Deep Ocean A remote part of the Indian Ocean has become, by chance, one of the best-mapped parts of the underwater world, 2017 https://www.theatlantic.com/science/archive/2017/03/mh370-search-ocean/518946/

Stommel Herny, Lost Islands: The Story of Islands That Have Vanished from Nautical Dover Publications Inc., United States 2017

PHANTOM ISLANDS – A SONIC ATLAS http://andrewpekler.com/phantom-islands/

https://www.spiegel.de/wissenschaft/natur/geografie-posse-nicht-insel-empoert-mexikaner-a-632387.html

Watanabe Y. Y., Papastamatiou Y. P., Distribution, body size and biology of the megamouth shark Megachasma pelagios, 2019, J Fish Biol., 95: 992– 998, https://doi.org/10.1111/jfb.14007

Schrope Mark, Giant squid filmed in its natural environment

Landmark achievement reveals clues to mollusc's behaviour, 2013 NATURE | NEWS
https://www.nature.com/news/giant-squid-filmed-in-its-natural-environment-1.12202
Katz Brigit, Watch First Footage of Giant Squid Filmed in American Waters The deep-sea footage also marks a rare sighting of a giant squid in its natural habitat, SMITHSONIANMAG.COM, 2019, https://www.smithsonianmag.com/smart-news/first-time-giant-squid-was-filmed-american-waters-180972479
Costello M. J., Coll M., Danovaro R., Halpin P., Ojaveer H., et al. 2010 A Census of Marine Biodiversity Knowledge, Resources, and Future Challenges. PLOS ONE 5(8): e12110, https://doi.org/10.1371/journal.pone.0012110
Appeltans W., Ahyong S. T., Anderson G., Angel M. V., Artois T., Bailly N., et al., The Magnitude of Global Marine Species Diversity, 2012, Current Biology, Volume 22, Issue 23, Pages 2189-2202, https://doi.org/10.1016/j.cub.2012.09.036.
Census of marine Life: http://www.coml.org/about-census/
Evans Ian, ›Like a spiral UFO‹: world's longest animal discovered in Australian waters, The Guardian, 2020, https://www.theguardian.com/environment/2020/apr/15/like-a-spiral-ufo-worlds-longest-animal-discovered-in-australian-waters

Wenn Haie leuchten

Remington S. J., Green fluorescent protein: a perspective, 2011, Protein science : a publication of the Protein Society, 20(9), 1509–1519, https://doi.org/10.1002/pro.684
Wongsrikeao, P., Saenz, D., Rinkoski, T., Otoi, T., & Poeschla,

E., 2011, Antiviral restriction factor transgenesis in the domestic cat. Nature methods, 8(10), 853–859. https://doi.org/10.1038/nmeth.1703

Matz, M., Fradkov, A., Labas, Y. *et al.*, Fluorescent proteins from nonbioluminescent Anthozoa species, 1999, *Nat Biotechnol* 17, 969–973, https://doi.org/10.1038/13657

Gittins J. R., D'Angelo C., Oswald F., Edwards R. J., Wiedenmann J., Fluorescent protein-mediated colour polymorphism in reef corals: multicopy genes extend the adaptation/acclimatization potential to variable light environments, 2015, Mol Ecol., 24(2):453-465, doi:10.1111/mec.13041

Eyal G., Wiedenmann J., Grinblat M., D'Angelo C., Kramarsky-Winter E., et al., Spectral Diversity and Regulation of Coral Fluorescence in a Mesophotic Reef Habitat in the Red Sea, 2015, PLOS ONE 10(6): e0128697, https://doi.org/10.1371/journal.pone.0128697

Smith E. G., D'Angelo C., Sharon Y., Tchernov D. and Wiedenmann J., Acclimatization of symbiotic corals to mesophotic light environments through wavelength transformation by fluorescent protein pigments, 2017, Proc. R. Soc. B.28420170320 http://doi.org/10.1098/rspb.2017.0320

Sparks J. S., Schelly R. C., Smith W. L., Davis M. P., Tchernov D., Pieribone V. A., et al., The Covert World of Fish Biofluorescence: A Phylogenetically Widespread and Phenotypically Variable Phenomenon, 2014, PLOS ONE., 9(1): e83259.

Haddock S. H. D., Dunn C. W., Fluorescent proteins function as a prey attractant: experimental evidence from the hydromedusa *Olindias formosus* and other marine organisms, 2015, Biology Open 4: 1094-1104; doi: 10.1242/bio.012138 https://bio.biologists.org/content/4/9/1094

Gruber, D., Loew, E., Deheyn, D. et al. Biofluorescence in Catsharks (Scyliorhinidae): Fundamental Description and Relevance for Elasmobranch, 2016, Visual Ecology. Sci Rep 6, 24751, https://doi.org/10.1038/srep24751

Park H. B., Lam Y. C., Gaffney J. P., Weaver J. C., Krivoshik S. R., Hamchand R. et al., Bright Green Biofluorescence in Sharks Derives from Bromo-Kynurenine Metabolism, 2019, iScience, Volume 19, Pages 1291-1336, ISSN 2589-0042, https://doi.org/10.1016/j.isci.2019.07.019

Gruber D, Sparks J. First Observation of Fluorescence in Marine Turtles. 2015 Am Mus Novit. ;3845: 1–8. https://doi.org/10.1206/3845.1.

Linda Markovina, Fluorescent diving: Seeing the ocean in a new light, 2017

https://www.aquarium.co.za/blog/entry/fluorescent-diving-seeing-the-ocean-in-a-new-light (Stand 29.08.2020)

Mike Markovina, persönliche Kommunikation

Compagno, L. J. V.; Dando, M.; Fowler, S. L. Sharks of the World; Princeton field guides; Princeton University Press: Princeton, 2005.

Tian L, Yin Y, Jin H, Bing W, Jin E, Zhao J, et al., Novel marine antifouling coatings inspired by corals, 2020, Mater Today Chem., 17:100294.

Macel, M., Ristoratore, F., Locascio, A. et al., Sea as a color palette: the ecology and evolution of fluorescence, 2020, Zoological Lett 6, 9, https://doi.org/10.1186/s40851-020-00161-9

Mazel C., Method for Determining the Contribution of Fluorescence to an Optical Signature, with Implications for Postulating a Visual Function, 2017, Front. Mar. Sci. 4:266. doi: 10.3389/fmars.2017.00266

Grimm David, »The Mushroom Cloud's Silver Lining«, 2008, Science. 321 (5895): 1434–1437.

Bonani G., Ivy S., Hajdas I., Niklaus T., Suter M., Ams 14C Age Determinations of Tissue, Bone and Grass Samples from the Ötztal Ice Man, 1994, Radiocarbon, 36(2), 247–250. doi:10.1017/S0033822200040534

Harry A. V., Evidence for systemic age underestimation in shark and ray ageing studies, 2018 Fish Fish., 19: 185–200, https://doi.org/10.1111/faf.12243

Hamady L. L., Natanson L. J., Skomal G. B., Thorrold S. R., Vertebral Bomb Radiocarbon Suggests Extreme Longevity in White Sharks., 2014, PLOS ONE 9(1): e84006. https://doi.org/10.1371/journal.pone.0084006

MSC:Is orange roughy sustainable?

https://www.msc.org/en-au/what-you-can-do/eat-sustainable-seafood/fish-to-eat-seafood-guide-australia-new-zealand/is-orange-roughy-sustainable (Stand 1.10.2020)

Orange roughy – a ›sustainable‹ fish certification too far. Greenpeace Blog 2016 https://storage.googleapis.com/gpuk-archive/blog/oceans/orange-roughy-%E2%80%93-%E2%80%98sustainable%E2%80%99-fish-certification-too-far-20160621.html (Stand 1.10.2020)

WWF disappointed about certification of New Zealand orange roughy, WWF 2016, fisheryhttps://wwf.panda.org/wwf_news/press_releases/?287431/WWF-disappointed-about-certification-of-New-Zealand-orange-roughy-fishery (Stand 1.10.2020)

Nielsen J., Hedeholm R. B., Heinemeier J., Bushnell P. G., Christiansen J. S., Olsen J., et al., Eye lens radiocarbon reveals centuries of longevity in the Greenland shark (*Somniosus microcephalus*). 2016 Science, 353(6300): 702–4.

MacNeil M. A., McMeans B. C., Hussey N. E., Vecsei P., Svavarsson J., et al., Biology of the Greenland shark *Somniosus microcephalus*., 2012, Journal of Fish Biology, 80: 991-1018. doi:10.1111/j.1095-8649.2012.03257.x

Edwards J. E., Hiltz E., Broell F., Bushnell P. G., Campana S. E., Christiansen J. S., et al., Advancing Research for the Management of Long-Lived Species: A Case Study on the Greenland Shark, 2019, Front. Mar. Sci. 6:87. doi: 10.3389/fmars.2019.00087

Butler P. G., Wanamaker A. D., Scourse J. D., Richardson C. A., Reynolds D. J., Variability of marine climate on the North Icelandic Shelf in a 1357-year proxy archive based on growth increments in the bivalve *Arctica islandica*, 2013, Palaeogeography, Palaeoclimatology, Palaeoecology, Volume 373, Pages 141-151, ISSN 0031-0182, https://doi.org/10.1016/j.palaeo.2012.01.016.

Wang, X., H. Schröder and W. Müller. »Giant siliceous spicules from the deep-sea glass sponge Monorhaphis chuni.« International review of cell and molecular biology 273 (2009): 69-115.

Jochum K. P., Wang X., Vennemann T.W., Sinha B., Müller W. E. G., Siliceous deep-sea sponge *Monorhaphis chuni*: A potential paleoclimate archive in ancient animals, 2012 Chem Geol., 300–301:143–51, https://doi.org/10.1016/j.chemgeo.2012.01.009

Jochum K. P., Schuessler J. A., Wang X.-H., Stoll B., Weis U., Müller W. E. G., et al., Whole-ocean changes in silica and Ge/Siratios during the last deglacial deduced from long-lived giant glass sponges., 2017, Geophysical Research Letters, 44,11,555–11,564. https://doi.org/10.1002/2017GL073897

Podbregar Nadja, Tiefe Biosphäre: Rätselhafte Lebenswelt im »Keller der Erde«, Juni 2020, scinexx das wissensmagazin, https://www.scinexx.de/dossier/tiefe-biosphaere-2/

Morono, Y., Ito, M., Hoshino, T. et al. Aerobic microbial life persists in oxic marine sediment as old as 101.5 million years, 2020, Nat Commun 11, 3626, https://doi.org/10.1038/s41467-020-17330-1

Matsumoto Y., Piraino S., Miglietta M. P., Transcriptome Characterization of Reverse Development in *Turritopsis dohrnii* (Hydrozoa, Cnidaria), 2019, G3 (Bethesda, Md.), 9(12), 4127–4138. https://doi.org/10.1534/g3.119.400487

Guest P. C., Of Mice, Whales, Jellyfish and Men: In Pursuit of Increased Longevity. Advances in experimental medicine and biology, 2019, 1178, 1–24. https://doi.org/10.1007/978-3-030-25650-0_1

Petralia, R. S., Mattson, M. P., & Yao, P. J. Aging and longevity in the simplest animals and the quest for immortality, 2014, Ageing research reviews, 16, 66–82. https://doi.org/10.1016/j.arr.2014.05.003

West Michael D., Chapter 16 – Regenerative Medicine and Ageing: Is Senescence Reprogrammable?, Editor(s): Vertès A. A., Smith D. M., Qureshi N., Dowden N. J., Second Generation Cell and Gene-based Therapies, 2020, Academic Press, Pages 449-460, ISBN 9780128120347, https://doi.org/10.1016/B978-0-12-812034-7.00016-9.

Plinius der Ältere, Naturalis Historia, Buch 8 und 9 (um 77 n. Chr.)

Benjamin Franklin, Journal of a voyage from England to Philadelphia 1726

Journal of Occurences in My Voyage to Philadelphia on board the Berkshire, Henry Clark, Master. From London Sept 2. 1726 http://www.let.rug.nl/usa/documents/1701-1750/benjamin-franklin-journal-of-a-voyage-from-england-to-philadelphia-1726.php

Riley Christopher, The Girl who talked to Dolphins, 2014, BBC Dokumentation

Wade N., Does man alone have language? Apes reply in riddles, and a horse says neigh. 1980, *Science*, 208(4450):1349-1351. doi:10.1126/science.7375943

Peña-Guzmán, David M., Can nonhuman animals commit suicide?, 2017, Animal Sentience 20(1) https://www.wellbeingintlstudiesrepository.org/cgi/viewcontent.cgi?article=1201&context=animsent

Pepperberg I. M., Animal language studies: What happened?, 2017, Psychon Bull Rev., 24(1):181-185. doi:10.3758/s13423-016-1101-y

Thewissen J. G. M., Cooper L. N., George J. C. et al. From Land to Water: the Origin of Whales, Dolphins, and Porpoises, 2009, *Evo Edu Outreach* 2, 272–288, https://doi.org/10.1007/s12052-009-0135-2

Fox K. C. R., Muthukrishna M. & Shultz, S. The social and cultural roots of whale and dolphin brains, 2017, Nat Ecol Evol 1, 1699–1705, https://doi.org/10.1038/s41559-017-0336-y

Bizzozzero M. R., Allen S. J., Gerber L., Wild S., King S. L.,

Connor R. C., Friedman W. R., Wittwer S. and Krützen M., Tool use and social homophily among male bottlenose dolphins, 2019, Proc. R. Soc. B.28620190898 http://doi.org/10.1098/rspb.2019.0898
Bizzozzero M. R., Allen S. J., Gerber L., Wild S., King S. L., Connor R. C., Friedman W. R., Wittwer S. and Krützen M., Tool use and social homophily among male bottlenose dolphins, 2019, Proc. R. Soc. B.28620190898 http://doi.org/10.1098/rspb.2019.0898
Reiss, D., & Marino, L. Mirror self-recognition in the bottlenose dolphin: a case of cognitive convergence, 2001, Proceedings of the National Academy of Sciences of the United States of America, 98(10), 5937–5942. https://doi.org/10.1073/pnas.101086398
Morrison R., Reiss D., Precocious development of self-awareness in dolphins, 2018, PLOS ONE 13(1): e0189813. https://doi.org/10.1371/journal.pone.0189813
Mann J., Sargeant B. L., Watson-Capps J. J., Gibson Q. A., Heithaus M. R., et al., Why Do Dolphins Carry Sponges?, 2008, PLOS ONE 3(12): e3868. https://doi.org/10.1371/journal.pone.0003868
Dolphins Getting High on Fish Toxin? Or Just a Load of Puff? 2014 NBC Science News
https://www.nbcnews.com/science/science-news/dolphins-getting-high-fish-toxin-or-just-load-puff-n3691 (Stand 2.9.2020)
Brittany Jones, Maria Zapetis, Mystera M. Samuelson & Sam Ridgway (2020) Sounds produced by bottlenose dolphins (*Tursiops*): a review of the defining characteristics and acoustic criteria of the dolphin vocal repertoire, Bioacoustics, 29:4, 399-440, DOI: 10.1080/09524622.2019.1613265

Killebrew, D. A., Mercado III, E., Herman, L. M. & Pack, A. A., Sound production of a neonate bottlenose dolphin, 2001, Aquatic Mammals, 27, 34-44.. Aquatic Mammals. 27. 34–44.
Behrmann Günther, Anatomie des Zahnwalkopfes 1 (Anatomy of the Toothed Whale Head 1), 2000, 4. Auflage, Bremerhaven, unpublished 168 pp hdl:10013/epic.34156.d001, https://epic.awi.de/id/eprint/21901/1/Beh2000c.pdf
Behrmann Günther, Anatomie des Zahnwalkopfes 2 (Anatomy of the Toothed Whale Head 2), 2000, 4. Auflage, Bremerhaven, unpublished 147 pp hdl:10013/epic.34157.d001, https://epic.awi.de/21902/1/Beh2000d.pdf
Berta A., Ekdale E. G., Cranford T. W. Review of the cetacean nose: form, function, and evolution, 2014, Anat Rec (Hoboken), 297(11):2205-2215. doi:10.1002/ar.23034
Pack, Adam, Language Research: Dolphins. In book: Encyclopedia of Animal Cognition and Behavior, 2018, Springer, Cham, NY. https://doi.org/10.1007/978-3-319-47829-6.
Kassewitz J., Hyson M. T., Reid J. S., Barrera R. L., A Phenomenon Discovered While Imaging Dolphin Echolocation Sounds, 2016, J Marine Sci Res Dev 6:202. doi:10.4172/2155-9910.1000202
Sayigh L. S., Wells R. S., Janik, V. M. What's in a voice? Dolphins do not use voice cues for individual recognition, 2017, Animal cognition, 20(6), 1067–1079. https://doi.org/10.1007/s10071-017-1123-5
Bruck J. N., Decades-long social memory in bottlenose dolphins, 2013, Proc. R. Soc. B.28020131726 https://doi.org/10.1098/rspb.2013.1726
Herzing D. L., Acoustics and Social Behavior of Wild Dolphins: Implications for a Sound Society. In: Au W. W. L.,

Fay R. R., Popper A. N. (eds) Hearing by Whales and Dolphins, 2000, Springer Handbook of Auditory Research, vol 12. Springer, New York, NY. https://doi.org/10.1007/978-1-4612-1150-1_5

Wild Dolphin Project: http://www.wilddolphinproject.org/our-research/chat-research/ (Stand 12.9.2020)

Kohlsdorf D., Herzing D. L., Starner T., An Auto Encoder For Audio Dolphin Communication, 2020, ArXiv abs/2005.07623 https://arxiv.org/pdf/2005.07623.pdf

Marino L., Large Brains in Small Tanks: Intelligence and Social Complexity as an Ethical Issue for Captive Dolphins and Whales, In: Johnson L., Fenton A., Shriver A. (eds) Neuroethics and Nonhuman Animals, 2020, Advances in Neuroethics. Springer, Cham. https://doi.org/10.1007/978-3-030-31011-0_10

Das verlorene Plastik

Moore Charles, Trashed – Across the pacific ocean, plastics, plastics, everywhere, 2003, Natural history. 112. 46–51.

Lebreton L., Slat B., Ferrari F. et al., Evidence that the Great Pacific Garbage Patch is rapidly accumulating plastic, 2018, Sci Rep 8, 4666, https://doi.org/10.1038/s41598-018-22939-w

Eriksen M., Lebreton L. C. M., Carson H. S., Thiel M., Moore C. J., Borerro J. C., et al., Plastic Pollution in the World's Oceans: More than 5 Trillion Plastic Pieces Weighing over 250,000 Tons Afloat at Sea, 2014, PLOS ONE 9, e111913, https://doi.org/10.1371/journal.pone.0111913

Jambeck, J. R., Geyer, R., Wilcox, C., Siegler, T. R., Perryman, M., Andrady, A., Narayan, R., Law, K. L., Plastic waste

inputs from land into the ocean, 2015, Science 347, 768–771, https://doi.org/10.1126/science.1260352
Geyer, R., Jambeck, J. R., Law, K. L., Production, use, and fate of all plastics ever made, 2017, Sci. Adv. 3, e1700782, https://doi.org/10.1126/sciadv.1700782
Walpole S. C., Prieto-Merino D., Edwards P. et al. The weight of nations: an estimation of adult human biomass, 2012, BMC Public Health 12, 439, https://doi.org/10.1186/1471-2458-12-439
Thompson R. C., Olsen Y., Mitchell R. P., Davis A., Rowland S. J., John A. W. G., McGonigle D., Russell A. E., Lost at Sea: Where Is All the Plastic?, 2004, Science 304, 838–838, https://doi.org/10.1126/science.1094559
Cózar A., Sanz-Martín M., Martí E., González-Gordillo J. I., Ubeda B., et al., Plastic Accumulation in the Mediterranean Sea, 2015, PLOS ONE 10(4): e0121762, https://doi.org/10.1371/journal.pone.0121762
Mariana Trench: Deepest-ever sub dive finds plastic bag, 2019, BBC News.
https://www.bbc.com/news/science-environment-48230157 (Stand 31.10.2020)
Bergmann M., Klages M, Increase of litter at the Arctic deep-sea observatory HAUSGARTEN, 2012, Mar. Pollut. Bull. 64, 2734–2741, https://doi.org/10.1016/j.marpolbul.2012.09.018
Mordecai G., Tyler P. A., Masson D. G., Huvenne V. A. I., Litter in submarine canyons off the west coast of Portugal, 2011, Deep Sea Res. Part II Top. Stud. Oceanogr., The Geology, Geochemistry, and Biology of Submarine Canyons West of Portugal 58, 2489–2496, https://doi.org/10.1016/j.dsr2.2011.08.009
Krause S., Molari M. Gorb, E. V. et al., Persistence of plastic

debris and its colonization by bacterial communities after two decades on the abyssal seafloor, 2020, Sci Rep 10, 9484, https://doi.org/10.1038/s41598-020-66361-7
Egger M., Sulu-Gambari F. & Lebreton L. First evidence of plastic fallout from the North Pacific Garbage Patch, 2020 Sci Rep 10, 7495, https://doi.org/10.1038/s41598-020-64465-8
Lavers J. L., Bond A. L., Exceptional and rapid accumulation of anthropogenic debris on one of the world's most remote and pristine islands, 2017, Proc. Natl. Acad. Sci. 114, 6052–6055, https://doi.org/10.1073/pnas.1619818114
Peeken I., Primpke S., Beyer B. et al. Arctic sea ice is an important temporal sink and means of transport for microplastic, 2018, Nat Commun 9, 1505, https://doi.org/10.1038/s41467-018-03825-5
Kelly A., Lannuzel D., Rodemann T., Meiners K. M., Auman H .J., Microplastic contamination in east Antarctic sea ice, 2020 Mar. Pollut. Bull. 154, 111130, https://doi.org/10.1016/j.marpolbul.2020.111130
Duncan E. M., Arrowsmith J. A., Bain C. E. et al., Diet-related selectivity of icroplastic ingestion in green turtles (Chelonia mydas) in the eastern Mediterranean, 2019 Sci Rep 9, 11581, https://doi.org/10.1038/s41598-019-48086-4
Van Franeker J. A. & Kühn S., Fulmar Litter EcoQO monitoring in the Netherlands – Update 2019., 2020, Wageningen Marine Research Report C074/20 & RWS Centrale Informatievoorziening BM 20.16, https://doi.org/10.18174/529399
Gigault J., et al., Current opinion: What is a nanoplastic?, 2020, Environmental Pollution, https://doi.org/ 10.1016/j.envpol.2018.01.024
Lehner R., Weder C., Petri-Fink A., Rothen-Rutishauser B.,

Emergence of Nanoplastic in the Environment and Possible Impact on Human Health, 2019, Environ. Sci. Technol. 53, 1748–1765, https://doi.org/10.1021/acs.est.8b05512
Wagner S., Reemtsma T., Things we know and don't know about nanoplastic in the environment., 2019, Nat. Nanotechnol. 14, 300–301, https://doi.org/10.1038/s41565-019-0424-z
Warner K., Linske E., Mustain P., Valliant M., Leavitt C., Choked, Strangled, Drowned: The Plastics Crisis Unfolding In Our Oceans, 2020, Oceana Report, https://usa.oceana.org/press-releases/oceana-finds-plastic-entangling-choking-1800-marine-animals-us-waters
De-la-Torre Gabriel Enrique, Microplastics: an emerging threat to food security and human health, 2020, J Food Sci Technol 57, 1601–1608, https://doi.org/10.1007/s13197-019-04138-1
Bundesministerium für Ernährung und Landwirtschaft: https://www.bmel.de/DE/themen/verbraucherschutz/lebensmittelsicherheit/lebensmittelverpackungen/bisphenol-a-vorsorglich-verboten.html#:~:text=Das%20Inverkehrbringen%20von%20S%C3%A4uglingstrinkflaschen%20aus,Deutschland%20und%20EU%20%2Dweit%20verboten. (Stand 4.11.2020)
Kaandorp M. L. A., Dijkstra H. A., van Sebille E., Closing the Mediterranean Marine Floating Plastic Mass Budget: Inverse Modeling of Sources and Sinks, 2020, Environ. Sci. Technol. 54, 11980–11989, https://doi.org/10.1021/acs.est.0c01984
Pabortsava K., Lampitt R. S., High concentrations of plastic hidden beneath the surface of the Atlantic Ocean, 2020, Nat Commun 11, 4073, https://doi.org/10.1038/s41467-020-17932-9

Barrett J., Chase Z., Zhang J., Banaszak Holl M. M., Willis K., et al., Microplastic Pollution in Deep-Sea Sediments From the Great Australian Bight, 2020, Frontiers in Marine Science,7, 808, https://www.frontiersin.org/article/10.3389/fmars.2020.576170

Welden Natalie A., Chapter 8 – The environmental impacts of plastic pollution, in: Letcher, 2020, T. M. (Ed.), Plastic Waste and Recycling. Academic Press, pp. 195–222, https://doi.org/10.1016/B978-0-12-817880-5.00008-6

Burns E. E., Boxall A. B. A., Microplastics in the aquatic environment: Evidence for or against adverse impacts and major knowledge gaps, 2018, Environ. Toxicol. Chem. 37, 2776–2796. https://doi.org/10.1002/etc.4268

Law K. L., Starr N., Siegler T. R., Jambeck J. R., Mallos N. J., Leonard G. H., The United States' contribution of plastic waste to land and ocean, 2020 Sci. Adv. 6, eabd0288. https://doi.org/10.1126/sciadv.abd0288

Scaffaro R., Maio, A., Sutera F., Gulino E. F., Morreale M., Degradation and Recycling of Films Based on Biodegradable Polymers: A Short Review. 2019 Polymers, 11, 651, https://doi.org/10.3390/polym11040651

Plastics B. A. N. List 2.0 – November 2017, 5 Gyres, Algalita, Californians Against Waste, Clean Production Action, Plastic Pollution Coalition, Responsible Purchasing Network, Story of Stuff, Surfrider Foundation and UPSTREAM, https://static1.squarespace.com/static/5522e85be4b0b65a7c78ac96/t/5acbd346562fa79982b268fc/1523307375028/5Gyres_BANlist2.pdf

Hohn S., Acevedo-Trejos E., Abrams J. F., Fulgencio de Moura J., Spranz R., Merico A., The long-term legacy of plastic mass production, 2020, Sci. Total Environ. 746, 141115, https://doi.org/10.1016/j.scitotenv.2020.141115

Lebreton L., Egger M., Slat B., A global mass budget for positively buoyant macroplastic debris in the ocean, 2019, Sci Rep 9, 12922, https://doi.org/10.1038/s41598-019-49413-5
International Coastal Cleanup Report 2020: Together we are Team Ocean, 2020,
https://oceanconservancy.org/wp-content/uploads/2020/09/2020-Report_-FINAL.pdf
Ragusa A., Svelato A., Santacroce C., Catalano P., Notarstefano V., et al., Plasticenta: First evidence of microplastics in human placenta, 2021, Environment International, Volume 146, 106274, ISSN 0160-4120, https://doi.org/10.1016/j.envint.2020.106274.

Haie im Café

Cantor Joanne, Why Horror Doesn't Die: The Enduring and Paradoxical Effects of Frightening Entertainment, 2006, In J. Bryant & P. Vorderer (Eds.), Psychology of entertainment (p. 315–327). Lawrence Erlbaum Associates Publishers.
Cantor J., Omdahl B. L., Effects of fictional media depictions of realistic threats on children's emotional responses, expectations, worries, and liking for related activities, 1991, Communication Monographs, 58:4, 384-401, DOI: 10.1080/03637759109376237
International Shark Attack File: https://www.floridamuseum.ufl.edu/shark-attacks/ (Stand 06.07.2020)
Hammerschlag N., Gallagher A. J., Lazarre D. M., A review of shark satellite tagging studies, 2011, Journal of Experimental Marine Biology and Ecology, Volume 398, Issues

1-2, Pages 1-8, ISSN 0022-0981, https://doi.org/10.1016/j.jembe.2010.12.012.

Jewell O. J., Wcisel M. A., Gennari E., Towner A. V., Bester M. N., Johnson R. L., Singh, S., Effects of Smart Position Only (SPOT) tag deployment on white sharks *Carcharodon carcharias* in South Africa, 2011, PloS one, 6(11), e27242, https://doi.org/10.1371/journal.pone.0027242

Boustany A., Davis S., Pyle P., et al., Expanded niche for white sharks, 2002, Nature 415, 35-36, https://doi.org/10.1038/415035b

Live from the White Shark Cafe - Sharing expedition results Live übertragen am 15.05.2018 https://www.youtube.com/watch?v=C_HsAZrjDpg (Stand 06.06.2020)

Jorgensen S. J., Reeb C. A., Chapple T. K., Anderson S., Perle C., Van Sommeran S. R., et al., Philopatry and migration of Pacific white sharks, 2009, Proc. R. Soc. B.277679-688, http://doi.org/10.1098/rspb.2009.1155

Jorgensen S. J., Arnoldi N. S., Estess E. E., Chapple T. K., Rückert M., et al., Eating or Meeting? Cluster Analysis Reveals Intricacies of White Shark (*Carcharodon carcharias*) Migration and Offshore Behavior, 2012, PLOS ONE 7(10): e47819, https://doi.org/10.1371/journal.pone.0047819

De Maddalena A., Bänsch H., Haie im Mittelmeer. Alle 49 Arten, 2005, KOSMOS, ISBN: 3440104583

Study by Bloom: Beauty and the Beast — Shark in our Beauty Creams, 2015, http://www.bloomassociation.org/en/wp-content/uploads/2018/04/squalane-bloom-english-1.pdf (Stand 06.07.2020)

Vannuccini Stefania, Shark Utilization, Marketing and Trade, 1999, FAO FISHERIES TECHNICAL PAPER 389 Rome, ISBN 92-5-104361-2

Shiffman D. S., Bittick S. J., Cashion M. S., Colla S. R., Coristine L. E., Derrick D. H., et al., Inaccurate and Biased Global Media Coverage Underlies Public Misunderstanding of Shark Conservation Threats and Solutions, 2020, iScience, Volume 23, Issue 6, 101205, ISSN 2589-0042, https://doi.org/10.1016/j.isci.2020.101205.

SharkSmart: https://www.sharksmart.nsw.gov.au/technology-trials-and-research#tagging (Stand 06.07.2020)

Phillips B. T., Dunbabin M., Henning B., Howell C., DeCiccio A., Flinders A., et al., EXPLORING THE »SHARKCANO«: Biogeochemical Observations of the Kavachi Submarine Volcano (Solomon Islands), 2016, Oceanography 29, no. 4 (2016): 160-69. www.jstor.org/stable/24862291.

These Sharks Thrive Inside an Underwater Volcano, National Geographic https://www.nationalgeographic.com/news/2017/04/sharks-underwater-volcano-sharkcano-kavachi/ (Stand 07.07.2020)

Tiefseewolken

Buschmann C., Grumbach K., Chemosynthese, 1985, In: Physiologie der Photosynthese. Hochschultext. Springer, https://doi.org/10.1007/978-3-642-70255-6_8

Castro P., Huber M. E., Marine biology/original artwork by William C. Ober and Claire W. Garrison. 2008, 7th ed. Dubuque, IA: McGraw-Hill, New York: McGraw-Hill Higher Education

Dick, Gregory J., The microbiomes of deep-sea hydrothermal vents: distributed globally, shaped locally, 2019 Nat Rev Microbiol 17, 271–283, https://doi.org/10.1038/s41579-019-0160-2

Hinzke T., Kleiner M., Breusing C., Felbeck H., Häsler R.,

Sievert S. M., et al., Host-Microbe Interactions in the Chemosynthetic *Riftia pachyptila* Symbiosis, 2019, mBio, 10(6), e02243-19. https://doi.org/10.1128/mBio.02243-19

Phillips B. T., Beyond the vent: New perspectives on hydrothermal plumes and pelagic biology, Deep Sea Research Part II: Topical Studies in Oceanography, Volume 137, 2017, Pages 480-485, https://doi.org/10.1016/j.dsr2.2016.10.005.

Brennan T. Phillips, The Influence of Hydrothermal Plumes on Midwater Ecology, and a New Method to Assess Pelagic Biomass, 2016, University of Rhode Island DigitalCommons@URI Open Access Dissertations, https://doi.org/10.23860/diss-phillips-brennan-2016

Burd B. J., Thomson R. E., The importance of hydrothermal venting to water-column secondary production in the northeast Pacific, 2015, Deep Sea Research Part II: Topical Studies in Oceanography, Volume 121, Pages 85-94, https://doi.org/10.1016/j.dsr2.2015.04.014.

Dick G., Anantharaman K., Baker B., Li M., Reed D., Sheik C., The microbiology of deep-sea hydrothermal vent plumes: ecological and biogeographic linkages to seafloor and water column habitats, 2013, Frontiers in Microbiology, Volume 4, Pages 124, https://www.frontiersin.org/article/10.3389/fmicb.2013.00124,

Soule D., Wilcock W., Fin whale tracks recorded by a seismic network on the Juan de Fuca Ridge, Northeast Pacific Ocean, 2013, The Journal of the Acoustical Society of America, 133, 1751-61, https://doi.org/10.1121/1.4774275

Ardyna M., Lacour L., Sergi S. et al., Hydrothermal vents trigger massive phytoplankton blooms in the Southern

Ocean, 2019, Nat Commun 10, 2451, https://doi.org/10.1038/s41467-019-09973-6

Martin W., Baross J., Kelley D., et al., Hydrothermal vents and the origin of life, 2008, Nat Rev Microbiol 6, 805–814 https://doi.org/10.1038/nrmicro1991

Jordan S. F., Rammu H., Zheludev I. N., et al., Promotion of protocell self-assembly from mixed amphiphiles at the origin of life, 2019, Nat Ecol Evol 3, 1705–1714, https://doi.org/10.1038/s41559-019-1015-y

Van Dover Cindy Lee, Impacts of anthropogenic disturbances at deep-sea hydrothermal vent ecosystems: A review, 2014, Marine Environmental Research, Volume 102, Pages 59-72, ISSN 0141-1136, https://doi.org/10.1016/j.marenvres.2014.03.008.

Turner P. J., Thaler A. D., Freitag A., Collins P. C., Deep-sea hydrothermal vent ecosystem principles: Identification of ecosystem processes, services and communication of value, 2019, Marine Policy, Volume 101, Pages 118–124, ISSN 0308-597X, https://doi.org/10.1016/j.marpol.2019.01.003.

Sechsbeinige Wassertänzer

Andersen N., Cheng L., The marine insect Halobates (Heteroptera: Gerridae): Biology, adaptations, distribution, and phylogeny, 2004, Oceanography and Marine Biology: An Annual Review. 42. 119-180. 10.1201/9780203507810.ch5.

Mahadik G. A., Agusti S., Duarte C. M., Distribution and Characteristics of *Halobates germanus* Population in the Red Sea, 2019, Frontiers in Marine Science 6,

https://www.frontiersin.org/article/10.3389/fmars.2019.00408 doi:10.3389/fmars.2019.00408
Foster William F., Zonation, behaviour and morphology of the intertidal coral-treader Hermatobates (Hemiptera: Hermatobatidae) in the south-west Pacific, 1989, Zoological Journal of the Linnean Society, Volume 96, Issue 1, Pages 87–105, https://doi.org/10.1111/j.1096-3642.1989.tb01822.x
Polhemus J. T., Polhemus D. A., A Review of the Genus *Hermatobates* (Heteroptera: Hermatobatidae), with Descriptions of Two New Species, 2013, Entomologica Americana 118(1), 202-241, https://doi.org/10.1664/12-RA-018.1
Eichele G., Oster H., Chronobiologie: Das genetische, Forschungsbericht (importiert) 2007 – Max-Planck-Institut für biophysikalische Chemie, https://www.mpibpc.mpg.de/327366/research_report_318255
Kaiser T. S., Neumann D., Heckel D. G., 2011, Timing the tides: Genetic control of diurnal and lunar emergence times is correlated in the marine midge *Clunio marinus*. BMC Genet 12, 49, https://doi.org/10.1186/1471-2156-12-49
Olander R., Palmén E., Taxonomy, Ecology and Behaviour of the Northern Baltic *Clunio Marinus* Halid. (Dipt., Chironomidae), 2020, Annales Zoologici Fennici, vol. 5, no. 1, 1968, pp. 97–110. JSTOR, www.jstor.org/stable/23731451
Qi X., Lin X.-L., Ekrem T., et al., A new surface gliding species of Chironomidae: An independent invasion of marine environments and its evolutionary implications, 2019 Zool Scr., 48: 81– 92. https://doi.org/10.1111/zsc.12331
Ruxton G. D., Humphries S., Can ecological and evolutionary arguments solve the riddle of the missing marine insects?, 2008, Marine Ecology, 29: 72-75. doi:10.1111/j.1439-0485.2007.00217.x

Glenner H., Thomsen P. F., Hebsgaard M. B., Sørensen M. V., Willerslev E., The Origin of Insects, 2006, Science: 1883-1884 DOI: 10.1126/science.1129844
Lozano-Fernandez J., Carton R., Tanner A. R., Puttick M. N., et al., A molecular palaeobiological exploration of arthropod terrestrialization, 2016, Phil. Trans. R. Soc. B 371: 20150133. http://dx.doi.org/10.1098/rstb.2015.0133
Luo J., Chen P., Wang Y., Xie Q., First record of Hermatobatidae from China, with description of *Hermatobates lingyangjiaoensis* sp. n. (Hemiptera: Heteroptera), 2019, Zootaxa.,4679(3): zootaxa, 4679.3.6. DOI: 10.11646/zootaxa.4679.3.6.

Wie Fische die Welt sehen

Gegenfurtner K. R., Bloj M., Toscani M., The many colours of ›the dress‹, 2015, Current Biology, Volume 25, Issue 13, Pages R543–R544, ISSN 0960-9822, http://www.sciencedirect.com/science/article/pii/S0960982215004947
Wallisch Pascal, Illumination assumptions account for individual differences in the perceptual interpretation of a profoundly ambiguous stimulus in the color domain: »The dress«, 2017, Journal of Vision, Vol.17, 5. Doi: https://doi.org/10.1167/17.4.5
Coren S., Girgus J. S., Seeing is Deceiving: The Psychology of Visual Illusions, Hillsdale, N. J.: Erlbaum, 1978. 25.
Marshall J., Carleton K. L., Cronin T., Colour vision in marine organisms, Current Opinion in Neurobiology, 2015, Volume 34, Pages 86-94, ISSN 0959-4388, https://doi.org/10.1016/j.conb.2015.02.002.
Balcombe Jonathan, What a Fish Knows: The Inner Lives of

Our Underwater Cousins, 2016, SCIENTIFIC AMER, ISBN-13: 978-0374288211
Wehner R., Gehring W., Zoologie, Thieme; 23. Edition, 1995, ISBN 978-3-13-367423-2
Doherty, M. J., Campbell N. M., Tsuji H., Phillips W. A., The Ebbinghaus illusion deceives adults but not young children, 2010, Developmental Science. 2010; 13(5):714 - 721
Santacà M., Agrillo C., Perception of the Müller–Lyer illusion in guppies, 2020 Current Zoology, Volume 66, Issue 2, Pages 205–213, https://doi.org/10.1093/cz/zoz041
Agrillo C., Miletto Petrazzini M. E., Bisazza A., Numerical abilities in fish: a methodological review, 2017, Behav Proc 141:161–171 https://www.sciencedirect.com/science/article/abs/pii/S0376635717300487?via%3Dihub
Agrillo C., Parrish A. E., Beran M. J., How illusory is the solitaire illusion? Assessing the degree of misperception of numerosity in adult humans, 2016, Front Psych 7:1663 https://www.frontiersin.org/articles/10.3389/fpsyg.2016.01663/full
Gómez-Laplazaa L. M., Díaz-Soteloa E. Gerlaib R., Quantity discrimination in angelfish, Pterophyllum scalare: a novel approach with food as the discriminant, 2018, Animal Behaviour, Volume 142, Pages 19-30, ISSN 0003-3472, https://doi.org/10.1016/j.anbehav.2018.06.001
Henrich J., Heine S. J., Norenzayan A., The Weirdest People in the World?, 2010, RatSWD Working Paper No. 139, http://dx.doi.org/10.2139/ssrn.1601785
Eagleman David M., Visual illusions and neurobiology, 2001, Nat Rev Neurosci 2, 920–926, https://doi.org/10.1038/35104092
Bshary R., Wickler W., Fricke H. Fish cognition: a primate's

eye, 2002, view. Anim.Cogn. 5, 1–13, 2002, https://doi.org/10.1007/s10071-001-0116-5

Das Meer geht viral

Machery Edouard, Why I stopped worrying about the definition of life … and why you should as well, 2012, Synthese 185, 145–164, https://doi.org/10.1007/s11229-011-9880-1

Breitbart M., Thompson L. R., Suttle C. A., Sullivan M. B., Exploring the Vast Diversity of Marine Viruses, 2007, Oceanography 20, no.: 135-39. http://www.jstor.org/stable/24860053.

Weitz J. S., Wilhelm S. W., Ocean viruses and their effects on microbial communities and biogeochemical cycles, 2012, F1000 biology reports, 4, 17, https://doi.org/10.3410/B4-17

Sandaa Ruth-Anne, Burden or benefit? Virus-host interactions in the marine environment, 2008, Research in microbiology vol. 159,5: 374-81. doi: 10.1016/j.resmic.2008.04.013

Lara E., Vaqué D., Sà E. L., Boras J. A., Gomes A., Borrull E., Díez-Vives C., et al., Unveiling the Role and Life Strategies of Viruses from the Surface to the Dark Ocean, 2017 Sci. Adv., 3 (9), e1602565. https://doi.org/10.1126/sciadv.1602565.

Giovannoni, Stephen J., 2017. SAR11 Bacteria: The Most Abundant Plankton in the Oceans. Annu. Rev. Mar. Sci. 9, 231–255. doi:10.1146/annurev-marine-010814-015934

Kirchman David. L., 2020, A marine virus as foe and friend. Nat Microbiol 5, 982–983. https://doi.org/10.1038/s41564-020-0764-3

Massive marine die-off in Russia could threaten endangered sea otters, other vulnerable species, https://www.nationalgeographic.com/animals/2020/10/algae-bloom-kills-marine-life-kamchatka-peninsula/ (Stand Oct 24, 2020).

Husnik F., McCutcheon J., Functional horizontal gene transfer from bacteria to eukaryotes, 2018, Nat Rev Microbiol 16, 67–79 https://doi.org/10.1038/nrmicro.2017.137

Needham D. M., Yoshizawa S., Hosaka T., Poirier C., Choi C. J., Hehenberger E., et al., A Distinct Lineage of Giant Viruses Brings a Rhodopsin Photosystem to Unicellular Marine Predators, 2019, Proc. Natl. Acad. Sci., 116 (41), 20574. https://doi.org/10.1073/pnas.1907517116.

Rohwer F., Thurber R. V., Viruses manipulate the marine environment, 2009, Nature, 459(7244), 207–212. https://doi.org/10.1038/nature08060

Maeda T., Takahashi S., Yoshida T., Shimamura S., Takaki, Y., Nagai Y., Toyoda A., et al., Chloroplast Acquisition without the Gene Transfer in Kleptoplastic Sea Slugs, *Plakobranchus Ocellatus,* 2020, bioRxiv 2020.06.16.155838. https://doi.org/10.1101/2020.06.16.155838.

Van Steenkiste N. W. L., Stephenson I., Herranz M., Husnik F., Keeling P. J., Leander B. S., A New Case of Kleptoplasty in Animals: Marine Flatworms Steal Functional Plastids from Diatoms, 2019, Sci. Adv., 5 (7), eaaw4337 https://doi.org/10.1126/sciadv.aaw4337

Travis John, Making the cut, 2015, Science 350 (6267), 1456-1457, DOI: 10.1126/science.350.6267.1456

Cohen John, CRISPR, the revolutionary genetic ›scissors‹, honored by Chemistry Nobel, 2020, https://www.sciencemag.org/news/2020/10/crispr-revolutionary-genetic-scissors-honored-chemistry-nobel (Stand Okt. 24, 2020).

Brandes N., Linial M., Giant Viruses-Big Surprises, 2019, Viruses, 11(5), 404. https://doi.org/10.3390/v11050404
Bekliz M., Colson P., La Scola B., The Expanding Family of Virophages, 2016, Viruses, 8(11), 317. https://doi.org/10.3390/v8110317
Welsh J. E., Steenhuis P., de Moraes K. R. et al., Marine virus predation by non-host organisms, 2020, *Sci Rep* 10, 5221, https://doi.org/10.1038/s41598-020-61691-y
Sipkema D., Franssen M. C., Osinga R., Tramper J., Wijffels R. H. Marine sponges as pharmacy., 2005, Marine biotechnology (New York, N.Y.), 7(3), 142–162, https://doi.org/10.1007/s10126-004-0405-5
Seley-Radtke, K. L., Yates, M. K., The evolution of nucleoside analogue antivirals: A review for chemists and non-chemists. Part 1: Early structural modifications to the nucleoside scaffold, 2018, Antiviral research, 154, 66–86, https://doi.org/10.1016/j.antiviral.2018.04.004
Randazzo W., Sánchez, G, Hepatitis A infections from food, 2020, J. Appl. Microbiol., 129: 1120-1132. doi:10.1111/jam.14727
Yau S., Seth-Pasricha M, Viruses of Polar Aquatic Environments, 2019, Viruses, 11(2), 189. https://doi.org/10.3390/v11020189
Gregory, A. C., Zayed, A. A., Conceição-Neto, N., Temperton, B., Bolduc, B., et al., Marine DNA Viral Macro- and Micro-diversity from Pole to Pole, 2019, Cell 177, 1109-1123.e14. https://doi.org/10.1016/j.cell.2019.03.040
Zhang R., Li Y., Yan W. et al., Viral control of biomass and diversity of bacterioplankton in the deep sea, 2020, Commun Biol 3, 256, https://doi.org/10.1038/s42003-020-0974-5

Australian scientists discover 500 meter tall coral reef in the great barrier reef–first to be discovered in over 120 years, Schmidt Ocean Institute, Press release / October 26, 2020 https://schmidtocean.org/australian-scientists-discover-500-meter-tall-coral-reef-in-the-great-barrier-reef-first-to-be-discovered-in-over-120-years/

Corriero G., Pierri C., Mercurio M. et al. A Mediterranean mesophotic coral reef built by non-symbiotic scleractinians, 2019 *Sci Rep* 9, 3601, https://doi.org/10.1038/s41598-019-40284-4

Yahalomi D., Atkinson S. D., Neuhof M., Chang, E. S., Philippe, H., et al., A cnidarian parasite of salmon (Myxozoa: Henneguya) lacks a mitochondrial genome, 2020, Proc. Natl. Acad. Sci. 117, 5358. https://doi.org/10.1073/pnas.1909907117

Starr Michelle, Scientists Find The First-Ever Animal That Doesn't Need Oxygen to Survive, 2020, Science Alert, https://www.sciencealert.com/this-is-the-first-known-animal-that-doesn-t-need-oxygen-to-survive (Besucht am 4.11.2020)

Davis, A. L., Thomas, K. N., Goetz, F. E., Robison, B. H., Johnsen, S., Osborn, K. J., Ultra-black Camouflage in Deep-Sea Fishes, 2020, Curr. Biol. 30, 3470-3476.e3, https://doi.org/10.1016/j.cub.2020.06.044

Jennifer Chu, MIT engineers develop »blackest black« material to date, 2019, MIT News Office, https://news.mit.edu/2019/blackest-black-material-cnt-0913

Cui K., Wardle B. L., Breakdown of Native Oxide Enables Multifunctional, Free-Form Carbon Nanotube–Metal

Hierarchical Architectures. ACS Applied Materials & Interfaces, 2019; DOI: 10.1021/acsami.9b08290
United Nations Decade of Ocean Science for Sustainable Development 2021/2030 https://www.oceandecade.org/
Transformations for a Sustainable Ocean Economy A Vision for Protection, Production and Prosperity, The Ocean Panel, https://oceanpanel.org/
Report of the Mission Board on Healthy Oceans, Seas, Coastal and Inland Waters, Mission Starfish 2030: restore our ocean and waters, 2020, P.O. of the E.U., http://op.europa.eu/de/publication-detail/-/publication/672ddc53-fc85-11ea-b44f-01aa75ed71a1 DOI: 10.2777/70828
Zhao Q., Stephenson F., Lundquist C., Kaschner K., Jayathilake D., Costello M. J., Where Marine Protected Areas would best represent 30% of ocean biodiversity, 2020 Biol. Conserv. 244, 108536. https://doi.org/10.1016/j.biocon.2020.108536
Weimerskirch H., Collet J., Corbeau A., Pajot A., Hoarau F., Marteau C., Filippi D., Patrick S. C., Ocean sentinel albatrosses locate illegal vessels and provide the first estimate of the extent of nondeclared fishing, 2020 Proc. Natl. Acad. Sci. 117, 3006, https://doi.org/10.1073/pnas.1915499117
Pheasey H., Roberts D. L., Rojas-Cañizales D., Mejías-Balsalobre C., Griffiths R. A., Williams-Guillen K.,Using GPS-enabled decoy turtle eggs to track illegal trade, 2020 Curr. Biol. 30, R1066–R1068, https://doi.org/10.1016/j.cub.2020.08.065
Safi Michael, Mumbai beach goes from dump to turtle hatchery in two years, 2018, The Guardian, https://www.theguardian.com/world/2018/mar/30/mumbai-beach-goes-from-dump-to-turtle-hatchery-in-two-years

Earp H. S., Liconti A., Science for the Future: The Use of Citizen Science in Marine Research and Conservation 2020 In: Jungblut S., Liebich V., Bode-Dalby M. (eds) YOUMARES 9 – The Oceans: Our Research, Our Future. Springer, Cham. https://doi.org/10.1007/978-3-030-20389-4_1